区域协调发展机制研究系列

本书由"西南财经大学中央高校专著出版经费项目（JBK2004021）"资助

钟鑫 张汉鹏 著

四川省基层专业技术人才发展长效机制研究：基于区域协同发展的视角

SICHUAN SHENG JICENG ZHUANYE JISHU RENCAI FAZHAN CHANGXIAO JIZHI YANJIU: JIYU QUYU XIETONG FAZHAN DE SHIJIAO

Southwestern University of Finance & Economics Press
西南财经大学出版社
中国·成都

图书在版编目(CIP)数据

四川省基层专业技术人才发展长效机制研究:基于区域协同发展的视角/钟鑫,张汉鹏著.—成都:西南财经大学出版社,2020.12
ISBN 978-7-5504-4490-4

Ⅰ.①四… Ⅱ.①钟…②张… Ⅲ.①技术人才—发展—研究—四川
Ⅳ.①G316

中国版本图书馆 CIP 数据核字(2020)第 148075 号

四川省基层专业技术人才发展长效机制研究:基于区域协同发展的视角
钟鑫 张汉鹏 著

责任编辑:王青杰
封面设计:穆志坚 张姗姗
责任印制:朱曼丽

出版发行	西南财经大学出版社(四川省成都市光华村街 55 号)
网　　址	http://www.bookcj.com
电子邮件	bookcj@foxmail.com
邮政编码	610074
电　　话	028-87353785
照　　排	四川胜翔数码印务设计有限公司
印　　刷	四川五洲彩印有限责任公司
成品尺寸	170mm×240mm
印　　张	9.5
字　　数	177 千字
版　　次	2020 年 12 月第 1 版
印　　次	2020 年 12 月第 1 次印刷
书　　号	ISBN 978-7-5504-4490-4
定　　价	68.00 元

前　言

区域发展不平衡是当今世界普遍存在的问题，也是各国政府宏观调控的一个重要目标。美国、日本等发达国家在经济高速增长时期都曾遇到过区域经济发展差距过大的问题，经过长期探索和努力，各国分别找到了解决这一问题的途径，形成了各具特色、行之有效的政策体系。我国自改革开放后经济得到了长足发展，但“优先发展沿海”的区域战略也带来了地区间发展不平衡的问题，到1995年，东部地区与西部地区的人均地区生产总值之比从改革开放前的大体均衡扩大到2.3∶1。地区间经济差距的扩大不但会阻碍国家整体经济实力的进一步提升，而且会影响社会的繁荣和稳定。因此，缩小地区差距，实现区域经济协调发展，已成为我国政府亟须解决的重大历史性课题。

党的十九大报告将区域协调发展战略首次提升为统领性的区域发展战略，正是为了解决新时代社会主要矛盾中“不平衡不充分”的发展问题。习近平总书记在党的十九大报告中对区域协调发展战略的阐述是：加大力度支持革命老区、民族地区、边疆地区、贫困地区加快发展，强化举措推进西部大开发形成新格局，深化改革加快东北等老工业基地振兴，发挥优势推动中部地区崛起，创新引领率先实现东部地区优化发展，建立更加有效的区域协调发展新机制。以城市群为主体构建大中小城市和小城镇协调发展的城镇格局，加快农业转移人口市民化。以疏解北京非首都功能为“牛鼻子”推动京津冀协同发展，高起点规划、高标准建设雄安新区。以共抓大保护、不搞大开发为导向推动长江经济带发展。支持资源型地区经济转型发展。加快边疆发展，确保边疆巩固、边境安全，坚持陆海统筹，加快建设海洋强国。习近平总书记在报告中概括了区域发展的全部内容，区域协调发展战略与乡村振兴战略等已经成为新时代建设现代化经济体系的重要组成部分。

世界各国历经数百年的碰撞交流，特别是信息时代开启后出现的人类未有之变局，使得专业技术人才已经替代商品和资本，一跃成为经济全球化进程中的核心要素。正如习近平总书记所强调的，“人才资源作为经济社会发展第一资源的特征和作用更加明显，人才竞争已经成为综合国力竞争的核心。谁能培养和吸引更多优秀人才，谁就能在竞争中占据优势”。专业技术人才作为实现民族振兴、赢得国际竞争主动的战略资源，在我国现代化建设事业中的决定性作用不断显现。许多学术研究表明，专业技术人才是解释地区间经济增长水平差异的重要原因和缩小区域间经济差距的关键因素。专业技术人才是实现区域经济可持续发展的助力器，是构建区域竞争力的关键因素，有助于落后地区摆脱“贫困陷阱”的束缚，对缩小地区发展差距具有重要意义。

专业技术人才具有不同于其他一般人才的特殊发展需求特征。他们思维活跃，观念超前，习惯自由式生活，热衷追求实现个人价值，因此吸引专业技术人才需要专门的人才政策。长期以来，为数不多的几个一线城市依托优质教育、医疗等资源及政治、经济、地理位置等优势吸引了很多高素质人才前往寻找职业机会。2017 年中国各大城市拉开了“人才争夺战”序幕，城市之间为了争夺人才先后出台各种优惠方案。然而，欠发达城市在这场“战争”中根本无法与一、二线城市站在同一起跑线上。它们既没有充足的资金，也没有具有吸引力的户口与房子，更别说庞大的产业与优良的工作环境。在这些最急需人才的地方却留不住人才，也引不来人才，甚至欠发达地区原本就不多的人才也会被“抢”走，造成欠发达地区人才与经济之间的恶性循环，进一步加剧了人才分布的区域失衡，不利于我国区域协调发展。哪种人才政策才能有效引进并留住专业技术人才，是学术界需要研究的新课题。本书以快速发展的四川省为例，对四川省区域协调发展和专业技术人才的最新情况进行了分析，在了解四川省区域协调发展政策和专业技术人才政策演进过程的基础上，探讨区域专业技术人才政策的长效机制。特别地，基于党中央对“三区三州”脱贫攻坚工作的重视，我们深入四川省三大民族自治州（阿坝州、甘孜州和凉山州），调研分析了民族地区公务员特别是急需职位公务员的考录现状，并创新性地提出了建设民族地区专业技术人才的长效发展机制。

本书的结构安排如下：

第一章分析了我国区域协调发展战略的演进过程与理论内涵，梳理了专业技术人才管理的相关理论，并在此基础上论证了专业技术人才对区域协调发展的积极作用。

第二章研究了四川省区域发展的最新情况，包括总体经济的发展现状和省内各区域间的协调发展情况，在梳理四川省近年区域协调发展政策的基础上，探究了基层专业技术人才政策对区域协调发展的重要意义。

第三章和第四章分别研究了四川省基层专业人才队伍的建设现状和存在的问题，剖析了目前四川省基层专业技术人才结构现状和相关人才政策存在的不足。

第五章是基于第三章、第四章的研究结论，结合国内外区域协调发展人才政策的成功经验，提出了有针对性的区域协调发展人才政策建议。

第六章的研究内容是对前五章内容的补充和延伸，重点分析了地方在引进专业技术人才之后，如何留住人才，如何使用人才，并创新性地提出了建设区域协调发展的专业技术人才长效发展机制。

第七章基于对四川省三个民族自治州的公务员考录现状的调研数据，剖析了四川省民族地区公务员队伍的人才结构现状，总结了当地公务员人才结构存在的问题，并根据本书前六章的研究成果，因地制宜地提出了建设民族地区专业技术人才长效发展机制，以期助力“三区三州”打赢脱贫攻坚战。

钟鑫

2020 年 10 月

目　录

第一章 国家区域协调发展战略与专业技术人才

习近平总书记在党的十九大报告中提出了“分两步走实现现代化”的目标。作为建设现代化经济体系重要一环的区域协调发展战略，是我国指导区域经济和社会发展的基本战略之一；专业技术人才作为实现民族振兴、赢得国际竞争主动的战略资源，在我国现代化建设事业中的决定性作用不断显现。

本章站在新时代的历史方位，分析了我国区域协调发展战略的演进过程与理论内涵，梳理了专业技术人才管理的相关理论，并在此基础上论证了专业技术人才对区域协调发展的积极作用：专业技术人才是实现区域经济可持续发展的助力器，是构建区域竞争力的关键因素，有助于落后地区摆脱“贫困陷阱”的束缚，对缩小地区发展差距具有重要意义。

第一节 区域协调发展战略的演进

区域协调发展的概念是在国民经济“九五”计划中正式提出的，当时所处的背景是：经过近20年的改革开放，我国经济社会发展进步巨大，经济增长开始进入起飞阶段。但随着城乡收入差距持续扩大，中西部地区与东南沿海地区的发展差距不断拉大，区域发展的不协调性引起了中央的高度重视，区域协调发展战略是作为地区经济和社会发展的指导战略而提出的，具有深远的意义。

回顾20多年来区域协调发展战略的发展完善过程，这一战略对我国的经济社会发展起到了重要的作用。

一、区域协调发展第一阶段（1995—1999年）

20世纪80年代初期，改革开放政策伊始。我国的区域经济水平维持在一种低水平的均衡状态。改革开放之初，邓小平同志就高瞻远瞩地提出了“两个大局”的区域发展战略：一是先集中发展沿海，内地支持沿海地区的率先发展，二是沿海发展起来之后，沿海地区再支援内地发展①。

在当年改革开放的大背景下，东部沿海地区抓住改革开放带来的发展机遇，利用全球产业向东亚和环太平洋地区进行大规模集中转移的趋势，发挥低劳动力成本的优势，促成了经济的高速发展，并建成了我国庞大的制造业基地，进而形成了珠三角、京津冀和长三角这三大城市圈。同时，中西部地区由于地理位置上的劣势和对外开放程度低，经济发展滞后，逐步拉大了与东部地区的经济发展水平差距。改革开放初期，沿海与内陆地区发展水平大体均衡，到 1995 年，东南沿海地区与西部地区的人均地区生产总值之比扩大到 2. 3 ∶ 1。

为了缓解区域差距日益增大的趋势，自国民经济“九五”计划开始，党中央就提出要缓解区域发展差距扩大，主要途径就是区域协调、均衡发展。1995—1999 年，是区域协调发展的提出阶段，在这几年中，学术界对区域协调发展的内涵和主要内容等进行了深入的探讨，特别是对中国区域发展差异性进行了着重研究，重点分析了区域差距产生的原因，努力寻求解决方案②。

二、区域协调发展第二阶段（2000—2011 年）

迈入 21 世纪，区域协调发展进入战略构建时期。1999 年年底中央决定实施西部大开发，我国的区域经济发展进入东部支援西部的新时期③。据统计，2000—2009 年，西部地区生产总值年中均增长率达 11. 9%，高于全国其他地区生产总值同期的增速。这一时期最显著的特征是基础设施建设取得突破性进展：青藏铁路、西气东输、西电东送、国道主干线西部路段和大型水利枢纽等一批重点工程相继竣工，完成了许多改善民生的建设任务。特别是大规模的交通设施建设，彻底改变了西部闭塞的状况，实现了物流通畅、出行便捷的目标。

2002 年，党中央提出实施振兴东北等老工业基地的命题，战略核心是对东北等各大老工业基地进行技术改造，提高技术竞争力。2004 年，党中央提出中部崛起战略，中部地区以承接产业转移为核心，发展现代制造业。因此，

---

① 邓小平. 邓小平文选：第 2 卷 [M]. 2 版. 北京：人民出版社，1994：152.

② 中华人民共和国国民经济和社会发展“九五”计划和 2010 年远景目标纲要 [J]. 人民论坛，1996 (4)：15-23.

③ 中华人民共和国国民经济和社会发展第十个五年计划纲要 [J]. 理论与当代，2001 (4)：31-48.

国家在重庆沿江、安徽皖江城市带、湖北荆州、湖南湘南等地建设国家级承接产业转移示范区，取得了显著成效。

在西部大开发、东北振兴、中部崛起等区域发展战略提出和实施之后，一个覆盖全部国土的区域发展战略已经呼之欲出。2004 年度政府工作报告提出“要坚持推进西部大开发，振兴东北地区等老工业基地，促进中部地区崛起，鼓励东部地区加快发展，形成东中西互动、优势互补、相互促进、共同发展的新格局”，这标志着全国进入区域协调发展的新阶段。

2007 年，党的十七大报告指出，在区域发展总体战略上，生态文明建设也不容忽视，使经济与生态并列，主体功能区政策配合生态文明建设。

表 1-1 列出了部分国家级区域协调发展战略规划，从中可以看出，国家区域发展战略中的地方因素权重逐渐增大，地方政策可以通过多种方式参与到国家区域发展战略的制定中，并争取到更多的先行先试自主权。

表 1-1　国家级区域协调发展战略规划（部分）

时间	相关政策、规划
2008 年 12 月	《珠江三角洲地区改革发展规划纲要（2008—2020 年）》
2009 年 5 月 6 日	《国务院关于支持福建省加快建设海峡西岸经济区的若干意见》
2009 年 6 月 10 日	《关中—天水经济区发展规划》
2009 年 6 月 10 日	《江苏沿海地区发展规划》
2009 年 8 月 14 日	《横琴总体发展规划》
2009 年 7 月 1 日	《辽宁沿海经济带发展规划》
2009 年 9 月 23 日	《促进中部地区崛起规划》
2009 年 11 月 16 日	《中国图们江区域合作开发规划纲要》
2009 年 12 月 1 日	《黄河三角洲高效生态经济区发展规划》
2009 年 12 月 12 日	《鄱阳湖生态经济区规划》
2009 年 12 月 24 日	《甘肃省循环经济总体规划》
2010 年 1 月 4 日	《关于推进海南国际旅游岛建设发展的若干意见》
2010 年 1 月 21 日	《皖江城市带承接产业转移示范区规划》

三、区域协调发展第三阶段（2012—2018 年）

随着党的十八大的顺利召开，习近平总书记多次强调要继续实施区域发展总体战略，促进区域协调发展，是今后相当长一段时间内区域发展的基本战略思想。

习近平总书记强调要“继续深入实施区域发展总体战略”，在区域政策和区域规划方面要完善、创新，特别强调要缩小政策单元，重视跨区域、次区域规划，尤其是提高区域政策精准性，体现了习近平总书记狠抓落实的工作作风的一贯延续和务实作风。

多年来，我国的区域发展战略的政策基本上是宏观层面的，是对省（区、市）组成的区域进行战略指导和指挥。从顶层设计的角度讲，这种大区域的战略指导是不可或缺的。战略的落实需要有具体区域的规划，这就必须提高区域政策的精准性，更加有效地依据当时当地的资源条件和发展环境提出有针对性的发展路径。2013 年的中央经济工作会议，中央把改善需求结构、优化产业结构、促进区域协调发展、推进城镇化作为中国经济发展的四个主攻方向，提出加大对革命老区、民族地区、边疆地区、贫困地区的扶持力度，“精准扶贫”是这一时期提出的最有代表性的扶持政策。

四、新时代区域协调发展战略的提升

由表 1-2 可知，在 2004 年明确区域发展总体战略后的 10 年内，中国用区域最大差率表示的相对差距有明显的逐年缩小趋势，但从“十二五”末期开始相对区域差距有扩大的苗头。

表 1-2　1995—2016 年中国的区域最大差率

年份	最大差率	年份	最大差率
1995	9.74	2006	9.97
1996	10.08	2007	7.88
1997	10.40	2008	6.79
1998	10.66	2009	6.30
1999	10.64	2010	5.80
2000	10.75	2011	5.19
2001	10.73	2012	4.73
2002	10.85	2013	4.32
2003	10.57	2014	3.98
2004	10.73	2015	4.13
2005	10.19	2016	4.19

注：①原始数据来源于《中国统计年鉴 2015》和《中国统计摘要 2017》；

②区域最大差率＝最大人均地区生产总值/最小人均地区生产总值。

党的十九大报告将区域协调发展战略提升为纲领性区域发展战略，是为了解决新时代社会主要矛盾中的关键性发展问题。习近平总书记在党的十九大报告中对区域协调发展战略的阐述是：加大力度支持革命老区、民族地区、边疆地区、贫困地区加快发展，强化举措推进西部大开发形成新格局，深化改革加快东北等老工业基地振兴，发挥优势推动中部地区崛起，创新引领率先实现东部地区优化发展，建立更加有效的区域协调发展新机制。以城市群为主体构建大中小城市和小城镇协调发展的城镇格局，加快农业转移人口市民化。以疏解北京非首都功能为“牛鼻子”推动京津冀协同发展，高起点规划、高标准建设雄安新区。以共抓大保护、不搞大开发为导向推动长江经济带发展。支持资源型地区经济转型发展。加快边疆发展，确保边疆巩固、边境安全，坚持陆海统筹，加快建设海洋强国。

第二节　区域协调发展战略的理论内涵

区域协调发展战略是习近平新时代中国特色社会主义经济思想在马克思主义经济学指导下的最新发展，有着坚实的理论基础。

一、区域协调发展的理论标准

所谓协调发展，就是促进有关发展各系统的协调和均衡，充分发挥各要素的优势和潜力，使每个发展要素均满足其他发展要素的要求，发挥整体功能，实现经济社会的持续、均衡、健康发展。

在全面建设小康社会的进程中，坚持协调发展，就是要自觉地纠正一些地区和领域出现的发展不平衡倾向，避免造成经济社会发展的失衡。从理论上讲，协调发展强调的是人们对市场经济规律的认识，是把经济和自然两种规律结合起来认识客观世界的实践总结。为实现经济社会可持续发展的战略目标，不是单纯追求经济生产总值的增长，而是在经济发展的基础上提升全体人民的福利。

从区域发展的宏观目标出发，区域协调发展的理论标准可以概括为以下四点：

第一，缩小并最终消除区域发展差距。现阶段促进区域协调发展的首要任务就是，要遏制地区间人均生产总值扩大的趋势，并努力使之保持在一个适度的范围内，在实现平衡发展的过程中逐步缩小。

第二，实现区域间公共服务的适度均衡。这包括义务教育在内的基本公共服务，不应因地区的不同和人群的不同而有明显的差异。

第三，实现地区间发展机会的均等。这包括资源开发、企业进入、基础设施、城市建设、乡村振兴等方面的机会均等。地区间发展机会的均等使各地区的比较优势都能够得到合理有效的发挥，有效消除区域间的利益冲突，促进区域间的优势互补、互利互惠。

第四，实现人口、资源与环境的可持续发展。习近平总书记的“绿水青山就是金山银山”的论述，从根本上讲清楚了人口、资源与环境和谐发展的质的规定性，只有让人与自然关系处于和谐状态，才能真正做到区域可持续发展①。

二、新时代区域协调发展战略的重点任务

首次将区域协调发展上升到国家战略层面是在党的十九大上。党的十九大报告，明确提出坚定实施区域协调发展战略。这既是对原有区域发展总体战略的丰富完善，也是对长期以来坚持区域协调发展的进一步提升。

（一）全面推动实施京津冀三地协同、长江经济带共同发展、粤港澳大湾区合作前行三大战略，发挥国家在重大区域性发展战略上的引领和带动作用

党的十九大报告明确指出“以疏解北京非首都功能为‘牛鼻子’推动京津冀协同发展，高起点规划、高标准建设雄安新区。以共抓大保护、不搞大开发为导向推动长江经济带发展”“以粤港澳大湾区建设、粤港澳合作、泛珠三角区域合作等为重点，全面推进内地同香港、澳门互利合作”这几个概念，京津冀协同、长江经济带、粤港澳大湾区为主的国家重大区域性发展战略对于推动我国区域协调发展意义重大。

“十三五”乃至更长时期，要以雄安新区的开发和建设作为重大历史性机遇，为全国其他跨省级区域协同发展提供示范，促进京津冀三地形成交通互联、生态共治的分工协作格局，探索人口经济密集区域优化发展的新模式，充分发挥长江经济带的独特地理和经济层面优势，加快沿江地区的基础设施建设和生态环境保护，把长江经济带建设成为促进东中西区域协调发展的重要纽带②。全面提升粤港澳区域经贸合作层次，推进基础设施、公共服务、生态环

---

① 范恒山，孙久文，陈宣庆，等. 中国区域协调发展研究［M］. 北京：商务印书馆，2012：12-15.

② 中共中央关于制定国民经济和社会发展第十三个五年规划的建议辅导读本［M］. 北京：人民出版社，2015：126-133.

保高标准、广覆盖、均等化，打造高端产业聚集区和优质生活圈，为践行“一国两制”提供坚实支撑和崭新动力，建设世界一流的以湾区为特色的资源高效整合、要素自由流动、产业高端集聚的城市群和经济区。加强“一带一路”倡议与国家重大区域性战略统筹对接，明确不同区域对接“一带一路”的重点方向和国家，扩大经贸合作和双向投资规模，统筹中欧班列、境外经贸区、国际产能合作等布局安排，促进形成重点区域内外开放的良性互动。

（二）调整东中西东北四大板块发展战略，推动区域发展总体战略向区域协调发展战略转移

21世纪以来，我国逐步建立建成的四大板块差异化发展战略，适应了当前我国区域经济发展的实际情况，有效缩小了地区间的差距。党的十九大提出的区域协调发展战略和区域发展总体战略一脉相承，是对区域发展总体战略的深入落实和具体总结，今后应继续坚持并不断调整完善。坚持做到在领域和内容上更加丰富，在层次和效率上更加提高，在动力和机制上更具活力。新时代应加强中央和地方各级政府部门多元主体的统筹协调，努力打破行政区域划分，缩小区域概念范围，健全区域阐释，全面推进区域发展总体战略向区域协调发展战略过渡转移。

党的十九大报告在四大板块的发展战略重点上进行了明确阐释，强调东北振兴重点在于深化改革、西部开发重点在于强化举措、中部崛起重点在于发挥优势、东部率先重点在于创新引领。新时代提出了新要求，要进一步优化调整四大板块各自发展战略方向。东北振兴要针对体制性和结构性矛盾加大改革力度，加大对外开放和对口协作机制创新，积极探索设立各类体制改革试验区先行先试，促进政府职能、营商环境、思想观念的转变和市场化水平的提升。西部开发要牢牢抓紧贫困地区脱贫这一历史难题，继续巩固基础设施建设和生态环境保护，稳步提高基本公共服务均等化水平，着力加强特色优势产业发展和内生发展能力提升，确保同步实现全面建成小康社会。中部崛起要强化区位交通优势，加快承接东部产业转移和拓展西部市场，重点培育特色优势产业集群，增强中心城市的集聚功能，促进形成要素顺畅流动和资源高效配置的格局。东部率先要强化作为改革开放创新领头羊的使命担当，优化产业和人口空间布局，加快疏解和转移过剩产能，提升开放型经济水平和效益，引领中国国际话语权提升，推动中国模式走向全世界。

（三）协同推进区域性城市群建设，建立建成国家级、世界级大规模城市群，提高城市群在推进新型城镇化中的主体地位

“十三五”规划纲要提出，以城市群为主体形态的新型城镇化步伐需要大

幅度加快，城市群的空间形态对于集聚要素、辐射周边、统筹城乡的可行性和重要性要重点强化。党的十九大报告进一步提出以城市群为主体构建大中小城市和小城镇协调发展的城镇格局，让城市群不仅在形态上作为主体，也在规划和治理等各方面都占有主体地位，培育发展中西部特色优势城市群，推动长江中游等多个国家级城市群发挥示范带动作用，促进人口和产业集中集聚集约化发展，强化中心城市辐射带动功能，积极承接东部产业转移，探索形成在全国具有较强影响力的城市群发展模式和治理机制。未来我国新型城镇化的模式、路径和重点因此明确，城市群进入建设提速新阶段。

优化提升东部发达地区城市群，加强城市间分工协同，引导超大特大城市功能合理疏解，加快建设长三角、粤港澳大湾区、京津冀等世界级城市群，率先探索城市群分工协作和治理新机制，建设成为具有中国特色的城市群体系和模式，发挥对其他城市群建设的示范带动作用。积极推进长江中下游平原的区域性城市群规划建设，创造返乡农民工创业机会，保障返乡农民工居住条件，将长江中下游平原地区建设成为人口和产业集中布局的经济密集区和集约开发区。以城市群为基本点，推进大中小城市协调发展，适当控制城市规模，向新生中小城市倾斜资源，推进特色乡镇建设。合理引导城市群的规划和建设，避免贪功冒进和好大喜功，加强城市群治理机制的创新，促进城市群分类有序健康发展。

（四）加大对中西部一些欠发达地区的扶持力度，努力提高区域间基本公共服务均等化程度

除上述方面外，党的十九大还报告提出，要加大力度支持革命老区、民族地区、边疆地区、贫困地区、资源型地区加快发展，因为这些弱势地区和问题地区的发展成为影响区域协调发展的关键因素。由于我国特殊的地区差异，地区间发展差距很难在短期内缩小，老少边穷地区与沿海发达地区间的发展总量和水平差距将长期存在，因此加快欠发达地区基本公共服务建设的步伐，逐步实现广覆盖、高标准、均等化，这是缩小地区间差距、实现区域协调发展的可行性目标和任务①。

拓展灵活多样的资金、项目、技术、智力等扶持方式，创新政府部门、企业、社会组织等多元化主体对口帮扶的模式，发挥政府引导作用的同时加强市场机制的作用，拓展对口帮扶的互利双赢领域和模式，增强对口帮扶的稳定性和持续性。坚定不移实施精准脱贫，确保全面建成小康社会之际实现区域性整

---

① 党的十九大报告辅导读本［M］. 北京：人民出版社，2017：216-222.

体脱贫，不断增强落后地区的自我发展能力。研究制定新时代贫困地区扶持标准和方式，建立扶贫标准动态调整机制，重点防范贫困地区返贫风险。建立规范稳定的转移支付、扶持协作机制，健全以公共服务、生态环保等民生领域为重点的绩效考评体系，给予特色优势产业发展特殊优惠扶持性政策，保障特殊类型区域的发展能力和信心。针对边疆地区、民族地区、资源枯竭地区等差异化特点，制定特殊的干部人才、工资待遇、社会保障等优惠政策，稳定当地的人员队伍特别是青年人创业就业，吸引更多的人才投身开发建设。

（五）落实国土空间开发管制制度，全面推进主体功能区配套政策完善和市县层面落地

党的十九大报告还指出，针对我国国土面积大、人口分布广、资源环境禀赋差异性强的基本国情，实行国土空间用途管制很有必要。由此，构建国土空间开发保护制度，完成生态保护红线、永久性基本农田、城镇开发边界三条控制线，并依次划定工作方式，最终形成节约资源和保护环境的空间格局和生活方式。主体功能区从规划到战略再到制度的演变，表明我国主体功能区日渐成为建设生态文明和美丽中国、落实国土空间用途管制的重要保障。引导优化开发区域疏解功能、产业和人口，健全环保、工艺、安全等准入门槛，促进中高端产业培育壮大，形成创新驱动、开放带动、消费促动的转型升级发展新格局。在财政、投资、产业、环境等方面制定切合实际的差别化政策，明确条件进行禁止开发和限制开发区域扶持力度，严格管控资源，明确产业布局范围，引导人口流动方向，重点强化基础服务均等化建设。强化重点开发区域集聚辐射功能，加快生产和生活配套体系建设，支持产业和人口集中布局，成为推动新型城镇化、提高城镇化率的主要空间①。加强不同部门和地区间统筹协调，加快建立政策沟通和评估机制，促进形成政策合力，确保政策实施的有效可行。探索制定针对不同类型市县的差异化政策体系，明确政策制定、管理和考评的主体，鼓励第三方机构参与政策评估，加快建立合理的政策分解定量指标和阈值，为主体功能区市县层面有效落地提供有力支撑。

---

① 《全国主体功能区规划》编写组．全国主体功能区规划：构建高效、协调、可持续的国土空间开发格局［M］．北京：人民出版社，2015：88-96.

第三节 专业技术人才管理：理论与比较

一、专业技术人才的概念界定

从一般意义上讲，专业技术人才是指受过专门教育和职业培训，掌握现代化大生产专业分工中某一领域的专业知识和技能，在各种经济成分的机构中专门从事各种专业性工作和科学技术工作的人员。比如，工程师、教授、研究员、医师、律师、会计师、经纪人等①。

从统计意义上讲，早在1982年，我国在开展全国人才预测与规划工作时，就以《国务院批转国家计划委员会关于制订长远规划工作安排的报告的通知》明确规定了专业技术人才的强制性统计标准界定，包括：①学历，具有中专及以上规定学历者；②职称，具有技术员或相当于技术员及以上专业技术职称（后来称为专业技术职务任职资格）者。

这一统计界定沿用了23年，历史上的人才统计数据大多采用此界定口径。而按照2005年启用的新的人才资源分类和统计标准，我国人才队伍分为五个部分，即“三支队伍——党政人才队伍、经营管理人才队伍、专业技术人才队伍”和“两类人才——高技能人才、农村实用人才”。具体的界定目前还没有看到准确的说法，但根据人才资源统计标准的新闻报道各个部门对人才资源的解释资料和非公有制经济组织人才资源抽样统计的地方资料，专业技术人才可以概括为：企事业单位中在专业技术工作岗位工作或具有专业技术职务（资格）在管理岗位上工作的人员②。

综上所述，我们认为：凡是在某一领域具有一定知识和技能，并在企事业单位从事专业技术工作或专业技术管理工作的人员，统称为专业技术人才。

二、汉·坦姆仆的知识工作者需求模型

研究专业技术人才离不开对其需求的了解，专业技术人才属于知识型工作者，美国著名知识管理专家玛汉·坦姆仆通过大量的调研，总结了知识工作的

---

① 中国人事科学研究院. 2005中国人才报告：构建和谐社会历史进程中的人才开发［M］. 北京：人民出版社，2005：65.

② 余仲华，李鹏亮. 地区性和行业性“十一五”人才战略与规划中定量预测方法的创新性应用技巧探析［J］. 人力资源开发 2007（4）：15.

主要特点，研究了知识工作者的主要需求。玛汉·坦姆仆认为，知识工作具有以下主要特点：①工作过程难以观察；②工作成果不易衡量；③工作的顺利程度有赖于知识员工自主性的发挥；④知识员工往往是某领域的专家，而管理者在这些领域往往是外行；⑤知识工作者对组织的依赖性低，组织与知识员工之间是一种相互需求的关系。

玛汉·坦姆仆在实证调研的基础上对知识型工作者最重视的四个因素进行了排序，其结果是：个体成长占33.74%，工作自主占30.51%，业务成就占28.69%，金钱财富占7.06%①（见图1-1）。

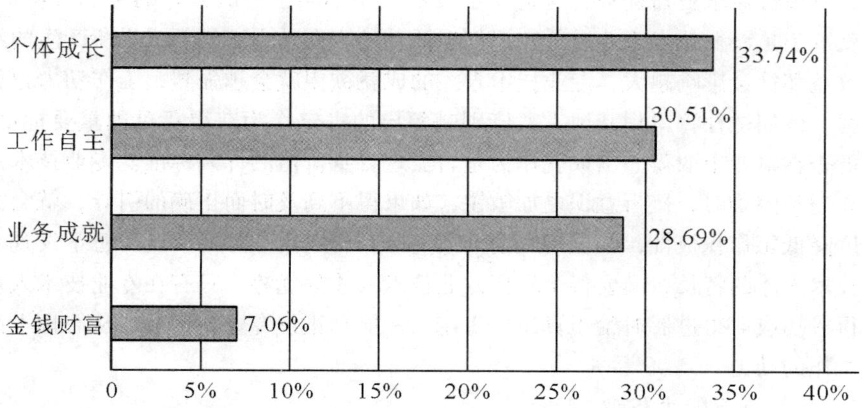

图1-1　知识型工作者最重视的因素分析图

三、专业技术人才的需求特征

根据上述理论，我们认为专业技术人才具有以下需求特征：思维活跃，思想开放，观念超前，习惯自由式生活，热衷追求实现个人价值，表现欲、创造力、主见性强，具有不同于其他一般人才的特殊发展需求。

（一）自主意识层面

独立的价值观、较强的自主意识和较强的流动意愿是专业技术人才较为典型的个性特征。②相对于一般人才而言，专业技术人才通常掌握较高的专业知识，甚至是核心技术，而越是优秀的专业技术人才往往具有鲜明的个性，比如孤傲、自尊心强、特立独行、锋芒毕露等，喜欢按照自己的思维、立场和习惯

---

① 文魁，吴东梅．科技创新人才环境研究报告［J］．经济与管理研究，2006（1）：19-24.

② 王飞绒，张军，龚建立．科技人员特征及其激励［J］．哈尔滨：科技与管理，2003（5）：121-124.

进行工作，当得不到认同时，流动意向很强烈。而从市场来看，拥有一技之长的专业技术人才的需求量充足，择业空间较大，因此专业技术人才职位流动性也比管理人才要高。为了降低不必要的流动，留住核心专业技术人才，就要尽可能创造一个容忍人才个性的空间和环境，减少对专业技术人才名目烦多的精神干预，给予其从事知识创造、科研创新工作所需要的精神自由、时间支配和精力的自由。

（二）成就欲望层面

有研究表明，专业技术人才的生存需要与发展需要都十分显著，相比较而言，发展性需求更占优势，这是专业技术人才不同于一般人才的标志性特征。成就欲望是专业技术人才进行知识创造活动的内在动力，创新成果所产生的经济效益和社会影响越大，专业技术人才的成就欲望就会越强烈，工作动力也就越强。他们往往将得到其他人，特别是领导的肯定作为获得尊重的重要标准，将能否在事业上取得杰出成就作为是否实现自身价值的评判标准。专业技术人才在遇到困难时，挫折意识更加敏锐，如果得不到及时而正确的引导，就会大幅度降低工作积极性，甚至彻底消沉或离开。所以用人方面，既要善于发现专业技术人才的特长，又要善于发挥专业技术人才的优势。只有在专业技术人才获得成功或取得进展时给予真诚的肯定，才能真正使专业技术人才从心理上产生工作的动力。

（三）学习能力层面

和普通人才相比，专业技术人才更为重视智力激发，[①] 有较强的学习能力，能够从知识创造活动本身的要求出发，在最短的时间内，以最快的速度掌握到最需要的知识。这主要是因为专业技术工作具有非重复性和复杂性的特点，对于他们而言，学习类似于资本积累和增值。而且，在知识经济时代，专业技术知识老化的速度越来越快，工作需求促使专业技术人才必须加强学习，掌握领先知识和技能，不然就会被迅速淘汰。因此专业技术人才的学习需求比其他一般人才更为强烈，学习动力和积极性也更高，专业知识需求更有独特性和针对性。为了满足这一需求，必须以提高核心竞争力为重点，加强专业技术人才能力建设，具体而言，就是实施相关培训和教育活动，完善相关培训管理制度，并使培训结果与其考核、任职和职业资格相结合，通过培训来满足专业技术人才强烈的“充电”需要。

（四）创新能力层面

创新能力是专业技术人才有别于其他类型人才的根本要素。专业技术人才

① 胡颂．专业技术人才特征及其激励研究［J］．考试周刊，2007（44）：85-86.

主要从事创造和创新活动，工作性质具有很强的探索性和高度不可控性，工作在很大程度上依赖自我的智力投入。创新工作通常不能够由一个人独立完成，而是凝聚了一个团队的全部智慧。专业技术人才之间的合作和竞争也是他们的工作行为特征。因此在专业技术人才队伍管理中，要充分发挥核心人物的种核作用，团结人才，让整个团队能够在既定的组织目标和自我考核的体系框架下自主地完成任务。在后勤上，应为其提供创新活动所需的各种资源保障。

四、专业技术人才对经济增长的作用

（一）人力资本是解释地区间经济增长水平差异的重要原因

早期人力资本理论家 Shultz（1961）、Becker（1962）认为人力资本可以产生知识效应，各国人力资本投资的差异是其经济增长差异的重要原因。Romer（1990）和 Lucas（1988）认为，人力资本是经济增长过程中不可或缺的重要因素，有着正向外部作用和规模递增效应，而且还可以减缓其他要素的边际递减。Stokey（1991）和 Lutz G. Arnold（1998）等在这些理论的基础上，相继提出人力资本增长的“干中学”模型、专业化人力资本模型以及“R&D-人力资本”模型等。王金营（2013）和高素英（2005）等也结合国内实际，完善了人力资本有效劳动模型和人力资本外部模型。Amitrajeet（2003）指出，人力资本对一个地区的经济增长起着基础性作用。对经济相对落后的地区而言，进行人力资本投资有助于拉动当地生产效率的增长，从而快速缩小其与较发达地区间的经济差距。这与 Cheshire 和 Margini（2000）关于人力资本对区域经济影响的观点一致。Qadri 和 Waheed（2003）使用 106 个国家 2002—2008 年的面板数据样本，运用计量模型来探讨人力资本和经济增长之间的关系。其核心模型的敏感度分析表明，即使在加入其他相关变量的情况下，人力资本对经济增长的积极作用依然显著。Teixeira 和 Queirós（2016）认为人力资本对经济增长具有至关重要的作用，对国家技术的进步也有重要影响，在对转型地中海国家（既包括发达国家也包括欠发达国家）的短期跨度研究中发现，人力资本对经济增长的作用虽不及长期跨度那样大，但是这种影响仍发挥重要作用。多年来，针对人力资本与经济增长间关系的研究数不胜数。运用各种最新计量模型对两者关系以及影响机制的研究表明，人力资本对经济增长的确具有重要作用，国与国之间的经济发展水平也在一定程度上受人力资本投资影响，特别是不同类型的国家对人力资本的投入不同，对经济增长的影响也显然不同。边雅静（2004）、姚先国等（2008）通过实证分析等最终都证实了人力资本对经济增长的正向作用。

（二）人力资本是缩小区域间经济差距的关键因素

人力资本投资是缩小不同地区和国家间经济、社会发展差距的重要途径，是欠发达地区追赶发达地区经济发展的关键因素。Cheshire 和 Margini（2000）在对地区经济增长和人力资本之间关系的一项研究中发现，地区人力资本差异是造成地区经济增长差异的一个重要原因。当欠发达的国家或地区比发达国家或地区的经济增长更快时，那些人力资本大致相同的国家或地区之间的经济，也应该出现相同或相似的现象。对于欠发达的国家或地区而言，加大人力资本投资是其追赶发达国家的必要措施，因为只有其投入更多的资源到人力资本中，才能保证更大的经济增幅，或者至少缩小与发达国家逐渐增大的收入增长差距。但对发达国家来说，将资源投入实物资本中，其可获得更大的回报。Qadri 和 Waheed（2013）认为，人力资本对于发达程度不同的国家，其回报是不同的。一般来说，欠发达国家的人力资本存量较低。因此欠发达国家人力资本投资所获得的回报率要高于发达国家。同时，作者还对不同国家在各种条件情况下的收入趋同假设进行了检验，得出各国的初始人力资本与其经济增长之间存在显著的正向关系①。蔡昉、都阳（2000）和王小鲁、樊纲（2004）等学者通过分析国内 20 世纪八九十年代的数据，检验了人力资本作为一个控制变量对区域经济协同发展的显著作用。

五、专业技术人才管理的相关理论

（一）勒温模型

美国心理学家勒温于 20 世纪 40 年代提出了著名的勒温公式，他认为个人能力与个人条件及其所处的环境直接影响个人的工作绩效，个人绩效与个人能力、条件、环境之间存在一种类似物理学中的场强函数关系。由此他提出了如下的个人与环境关系的公式：

$$B = f(p, e) \qquad \text{式 (1.1)}$$

其中：B 为个人的绩效，p 为个人的能力和条件，e 为所处的环境。该公式表示，一个人所能创造的绩效，与其能力素质及其所处的环境有密切关系。如果一个人处于一个不利的环境之中（如：专业不对口，人际关系恶劣，心情不舒畅，工资待遇不公平，领导作风专断，不尊重知识和人才），则难以施展其才华，也就很难取得好的成绩②。

---

① 王士红. 人力资本与经济增长关系研究新进展［J］. 经济学动态，2017（8）：124-134.

② 关培兰. 组织行为学［M］. 武汉：武汉大学出版社. 2001：125.

总的来说，个人对环境的影响力是非常小的，而环境对个人却有某种决定性的影响。所以，人才通常都会选择较好的环境这一最简便、最经济的办法来与环境力量抗争，尽自己最大努力选择最适合自身特点与愿望的生活与工作环境，选择最适宜自己发展的环境条件。

人才对环境的这种依赖性使得那些既具有较好社会、经济、政治、科教环境，又具有良好生活、工作、领导和人际关系条件的地域和组织，成为人才的首选①。

（二）赫茨伯格的双因素理论

双因素理论也称激励-保健因素理论，是美国犹他大学教授、心理学家弗雷德里克·赫茨伯格于1959年提出来的。20世纪50年代末期，赫茨伯格在调查了美国匹兹堡地区203名工人的工作后，发现让职工感到不满意的因素大多与工作环境或工作关系有关。这些因素的改善可以预防或消除职工的不满，但不能直接起到激励的作用，故称为保健因素。属于保健因素的有报酬合适、工作稳定、上下级关系和谐等。与此相反，使职工感到满意的因素主要与工作内容或工作成果有关，这些因素的改善可以使职工获得满足感，产生强大而持久的激励作用，所以称为激励因素。激励因素是指那些能满足个人自我实现需要的因素，包括发展的机会、领导的赏识、具有挑战性的工作以及成长和个人成就。

由双因素理论可知，不同的个体、不同的工作，具有不同的需求，而满足不同需求所带来的激励效果是不同的。人们基本的物质需求的满足是必不可少的，缺乏物质需求的满足，人们会缺乏安全感，但即使极大限度地满足人们的物质需求，也很难持续激励职工。因此，要提高人们的工作积极性，既要满足物质需求等外部条件，更要注意工作的安排，人尽其才，给职工更多的精神鼓励，给予称赞，给人以成长的机会②。

（三）马斯洛的需求层次理论

马斯洛在1943年提出了人类需求层次理论，该理论主要包括两个方面的内容：第一是需求的分类；第二是不同需求间的相互关系。这种理论的构成根据有三个基本假设：①生存需求。只有未满足的需求能够影响行为，满足了的需求不能充当激励工具。②人的需求是渐进的从基本的（如食物和住房）到复杂的（如自我实现）。③当个体的低层次需求得到满足后，才会追求高一级

---

① 孙健，邵秀娟，纪建悦. 新兴工业化国家和地区人才集聚环境建设的经验及启示［J］. 中国海洋大学学报（社会科学版），2004（6）：170-173.

② 谭融. 公共部门人力资源管理［M］. 天津：天津大学出版社，2003：38-41.

的需求，如此逐级上升，成为推动继续努力的内在动力。

马斯洛的需求层次理论有以下五个层次：

（1）生理需求。生理需求是个人维持自身生命的需求，如空气、水、食物。

（2）安全需求。安全需求包括人身安全得到保障，摆脱疾病和失业的危险，如职业保障、社会保障等。

（3）社交需求。人是社会的一员，希望获得友谊、爱情等。

（4）尊重需求。尊重需求包括自尊和受人尊重等。

（5）自我实现需求。自我实现需求指通过自己的努力，实现自己对生活的期望，从而对生活和工作真正感到很有意义。

马斯洛的需要层次理论认为，人的五个方面的需要呈现为由低到高的有序的排列层次，并遵循递进规律。人们只有当低层次需求满足后才会追求更高层次的需求，才会形成强大的激励力量①。

（四）人力资本理论

诺贝尔奖得主、美国著名经济学家西奥多·W. 舒尔茨是当代西方人力资本理论的主要代表人物。他提出了人力资本理论，对经济发展的动力做出了全新的解释。舒尔茨认为，研究经济增长问题，有必要将传统的资本概念纳入人力资本概念中，而不应仅仅考虑有形的物质资本。人力资本和物质资本均具有资本的属性，即两者都是一种有意识投资的产物；都是以希望提高生产力为出发点；投资的主体一样的，都可以是私人的或者公共的。

舒尔茨的人力资本理论有以下五个主要观点：

（1）人力资本表现在人的身上，主要为技能、体力（健康状况）、知识、价值的总和。各个不同的国家的人力资本可以通过劳动者的数量、质量以及劳动时间等方面来衡量。

（2）投资促进了人力资本的形成。投资渠道有五种，包括营养及医疗保健费用、学校教育费用、在职人员培训费用、择业过程中所发生的人事成本和迁徙费用。

（3）人力资本的积累是社会经济增长的主要源泉。舒尔茨说，人力投资的增长大大提高了投入经济发展中的工作质量，质量方面的提高也已成为经济增长的一个重要的源泉。有能力的人民是现代经济发展的关键。

（4）效益最佳的投资是人力资本投资。多数投资的目的都是获得收益，

---

① 谭融. 公共部门人力资源管理［M］. 天津：天津大学出版社，2003：44-45.

当然人力投资也不例外。舒尔茨对1929—1957年美国教育投资对经济增长的关系做了定量研究，得出如下结论：各级教育投资的平均收益率为17%；教育投资增长的收益占劳动收入增长的比重为70%；教育投资增长的收益占国民收入增长的比重为33%。因此可以得出，人力资本投资是回投率最高的投资。

（5）耐用性是人力资本投资的消费部分的实质，甚至比物质的耐用性消费品更加经久耐用。

舒尔茨认为，决定人类未来发展的并不是空间、土地和自然资源，而是人力的素质、技能和知识水平。“没有对人的大量投资，就不能享受现代化农业的硕果，也不能拥有现代化工业的富裕。”舒尔茨人力资本理论揭示了人力资本在经济发展中的决定性作用①。

六、国外专业技术人才开发管理经验

在当今专业人力、专业技术的争夺中，发达国家、新兴工业化国家和发展中国家都采取了相关举措，创造了不少可借鉴的经验。

（一）美国：网罗人才造就强国

美国不仅是当今世界第一大经济体、第一军事强国，而且也是世界人才强国。美国拥有世界1/4的学士、1/3的硕士、1/2的博士。美国的科研人员近百万人，居世界首位。美国还拥有大量高素质的劳动者。美国对世界各国人才包括其他发达国家的人才都具有强大的“磁吸效应”，世界上各国的人才外流，其流向大多也为美国。

1. 强调“教育优先”“投资于人”，积极开发本国人才资源

一是大幅度增加教育和研究开发投资，保持世界教育科技强国地位。美国是世界上教育经费支出最多的国家，从而为其成为教育强国和人才强国奠定了雄厚的物质基础。美国还高度重视科技研究和开发研究，其研究和开发经费占国内生产总值的3%，居世界最高水平。

二是培养高素质劳动者和高层次专业技术人才并举，奋力实现“全民皆学”的目标。美国自1776年建国以来，在联邦政府、州政府等的共同努力下较早实现了普及12年义务教育的目标，这与美国一直强调的教育机会均等的观念相匹配。政府还重点扶持职业教育，颁布并修订了《职业教育法》，联邦政府每年向各州提供16亿美元职业教育专项补助经费。与许多国家不同的是，

---

① 舒尔茨. 论人力资本投资［M］. 吴珠华，等译. 北京：北京经济学院出版社，1990：133–138.

美国将教育和研发投资主要集中于大学，主要目的为培养高层次专业人才，公立高校教师的工资福利待遇超过公务员。这些举措造就了一批世界一流大学，汇聚了大量来自世界各地的高层次专业技术人才。

三是落实“终身教育”理念，政府和企业共同投资于继续教育与培训。美国政府高度重视专业技术人才的继续教育，于 1966 年颁布了《成人教育法》，从法律上保证继续教育的发展。

四是推出各种资助和奖励措施，以鼓励优秀专业技术人才脱颖而出。美国政府提出的资助奖励措施有以下几个方面：减免大学生家庭所得税，增加面向低收入家庭的佩尔奖学金的最高限额，建立大学学费预付计划项目等。美国政府、企业和民间团体还设立各种科技奖励制度以鼓励杰出科技人才。

2. 强调人才就是金钱，采取各种手段，利用各种机会，大力吸引外国人才

一是制定开放的移民政策，吸引优秀专业技术人才移民。美国政府于 1917 年制定《移民法》之后，分别于 1921 年、1924 年和 1952 年修改《移民法》，持续放宽对技术移民的限制，例如，明确提出，对于学术、专业上有突出成就的人才一律优先加入美国国籍。1965 年以来，美国每年留出 29 000 个移民名额吸引外国高科技人才，美国的许多高科技企业利用新的美国政策和新的移民法规大量招募外国技术人才。美国政府还特别批准，每年可有 6 000 名外国科学家和高级科技人员直接到美国合法定居。

二是制定专门的留学政策“收割”其他国家的专业人才和科技人才。美国于 1946 年实施“富布赖特计划”，每年提供高额奖学金，以资助各国学生赴美学习；并于 20 世纪 60 年代推出《国际教育法》，增加与其他国家交换留学生的名额。另外，美国还为这些外国留学生取得永久居留权和加入美国国籍放开了限制。

三是提供优厚的待遇和良好的工作条件抢夺外国高科技人才。二战结束后，美国带走了数千名德国科学家和工程师；1991 年，苏联解体后，美国还以高出原薪 10 倍的价格吸引苏联反导弹专家，并一次招揽了 2 000 名高级核专家。美国不仅从发展中国家高薪聘请人才，还从其他发达国家高薪买才。为了实施“星球大战”计划，美国特地派人到西欧招聘高科技人才，到 1992 年，仅英国航天界就有数千名设计师和高级工程师被高薪聘请到美国工作。美国在高薪聘才的同时，还为他们提供充足的科研经费和良好的工作环境，满足科研人员的成就感，这是美国从他国抢夺人才的另一个重要手段。

四是加强国际学术交流与合作，巧用外国人才和智力。美国凭借其卓越的

创新环境、研究开发等条件，大力实施共同教育和文化交流计划，通过各种形式和途径邀请其他国家的专家学者、科技人员到美国从事研究工作。目前美国与70多个国家和地区签订了800个科技合作协议，虽然这些合作协议依据的是“共享合作成果共摊经费和其他投入”的“互利原则”，但美国凭借在这些科技合作项目中拥有的财力、技术和人力上的优势，成为这些项目的最大受益者。

3. 强调能力和业绩至上，努力为人才发挥才干营造良好的环境

面对优胜劣汰的市场竞争，美国企业建立起了一套适应市场竞争需要的用人机制，确保企业的人才需求得到最大限度的满足。大部分的美国企业实行的用人机制为自由雇佣制，即企业和专业技术人才实行“双向选择”。专业技术人才流动性比较大，为了留住有才干的人才，企业普遍采取快速晋升职务的办法，以满足职工的个人发展需求和成就感需求，晋升的依据主要是工作绩效而非资历。职务晋升的同时，相关人员的工资与福利待遇随之提高。美国公司还对那些能够为企业创造高效益的战略人才和骨干人才实行“特岗特薪”，培养和重用他们。为了防止部分企业的种族歧视、性别歧视等，美国政府特别制定法律，严禁在就业、晋升、工资待遇、培训机会等方面存在上述现象。这种保障公平竞争的法律和文化环境为专业技术人才发挥才干创造了良好的条件。美国在住房、医疗、保险等方面强调社会化服务以及保证迁徙自由，便利了人才的合理流动，以便他们找到最能发挥才干的地方，避免了人才的闲置和浪费①。

（二）新加坡的成功之道：人才立国、精英治国

新加坡作为一个1965年才独立的小国，自然资源匮乏，但是经过30多年的经济高速发展，自1996年起就进入发达国家的行列并被公认为是全球具有竞争力的国家之一。倡导“人才立国”是新加坡成功的原因之一，着力培育与开发本土人才，大量引进国外专业技术人才资源以弥补本土资源的不足，这是新加坡取得成功的主要途径。

1. 重视基础教育和继续教育，培养一支高素质的专门人才队伍

新加坡是世界上少数的对教育投资的增速超过了国民生产总值增速的国家。政府不仅重视基础教育，还高度重视继续教育，营造终身学习的氛围。1997年亚洲金融危机后，各国都在削减开支以渡过难关，而新加坡政府却加

---

① 颜亮，何德功，郑汉根. 世界强国人才战略透析［J］. 北京：国际人才交流，2005（3）：54-55.

大了对继续教育的投入，通过人才战略大力发展经济。

2. 重视“精英教育”，培养一支高层次精英人才队伍

1979年以来，新加坡政府大力发展高等教育，集中各种资源培养高级人才。政府教育经费中有将近1/4投向大学和工科院校，用以培养高级专门人才，同时还设立研究奖，鼓励优秀的大学生攻读研究生。从20世纪70年代开始，政府还设立奖学金，以帮助那些成绩优异者到世界著名的大学深造，还与世界一流大学合作办学以培养各类专门人才①。

3. 重视将科技成果转化成生产力，培养一支本地专业技术企业家队伍

为了支持国内企业开展相关研发、创新工作，新加坡政府制定了一系列制度，并成立了一系列基金，如人才开发援助计划、民间研究促进制度、研究开发援助体制、技术革新援助制度和专利使用金等，以减轻企业在研发、创新等方面的投资压力。为了将科技成果尽快转化成生产力，20世纪90年代以来，新加坡政府和企业都加大了对研究开发的投入，到1995年年底，该国的研究开发投资总额中国内生产总值比重已达2%②。

4. 积极引进外国专业技术人才，提高国家的国际竞争力

近年来，新加坡政府和企业一直通过招揽世界各地的人才来解决本土专业技术人才不足的问题。新加坡引进专业技术人才的主要手段和措施是：

（1）用优惠政策和较高待遇吸引外国专业技术人才。

新加坡政府提出“三最”政策：用最好的工作条件和最具挑战性的工作，来吸引最优秀的专业技术人才。具体的措施包括丰厚的薪酬、各种税收减免政策以及完善的培训体系等。

（2）从20世纪80年代起制订详尽的移民计划，并形成了完整的机制。

首先，中央及地方的相关各级政府部门根据对本地人才库的动态分析，提出相应的人才需求计划，同时制定配套政策，以此吸引急需的人才。其次是建立了相应的专业技术人才服务机构。最后，根据国际人才市场的变化，有针对性地吸收外来技术移民。

（3）制定富有吸引力的留学政策。

新加坡通过提供奖学金等手段，把世界上其他国家的一些优秀学生招收到新加坡就读和培养，并与学生签订毕业后为新加坡至少工作六年以上的合同。这些措施在吸引外国专门人才方面取得了显著的成效。新加坡统计局的数据表

---

① 付承香. 社会转型期河南省专业技术人才管理研究［D］. 郑州：郑州大学，2006.

② 刘星. 论美、日、新人力资源开发策略及对我国的启示［D］. 长春：吉林大学，2005.

明，现有8万多名外籍高、精、尖人才受雇于新加坡的跨国公司，3万多名信息与通信专业技术人员中30%来自国外，高等院校中近40%的教授和讲师为外国人①。

（三）印度：软件大国的崛起

1950年，印度宣布成立共和国。成立之初的印度在经济、文化等方面十分落后，但其十分重视软件的发展。20世纪90年代以来，印度计算机软件业以年均50%以上的速度迅速增长。在全球软件开发市场上印度占据16.7%的份额，并占据美国软件销售市场的60%以上。目前印度已成为世界第二大软件王国。大量招揽信息技术人才，大力培育国内专业技术人才是印度取得成功的主要原因。

1. 大力培养信息技术人才

20世纪80年代以来，印度政府把培养信息技术人才和发展信息技术产业作为长远战略加以实施。首先，高度重视计算机教育。印度的计算机教育从小抓起，教育部门制定了统一的中小学计算机教学大纲，全国2 500多所中学开设了电脑课，400多所大学开设了计算机及电脑软件专业。政府还增加对国际上素有盛名的6所印度理工学院的投资，并计划将全国43所地区性工程学院提升到印度理工学院的水平。其次，在全国所有邦设立印度信息技术学院，专门培养高水平的信息技术人才。再次，大力鼓励民间办学，培养信息技术所需要的专门人才。目前，印度已有1 100多所私立理工学院，其中有500多所设有硕士和博士学位。最后，积极引导民间资本和外资投资于信息技术产业的职业教育和培训。在印度，计算机职业教育和培训体系十分发达。一些大型计算机职业教育和培训机构甚至将教育培训中心开设到其他国家。这种产业化的IT职业教育培养了一大批一线技术工人。以上举措在印度的经济、社会发展中取得了明显的成效。

2. 印度吸引信息技术人才回流的措施

印度是世界信息技术人才大国，但信息技术人才外流是其面临的主要问题。究其根本是因为印度国内缺乏良好的受教育条件和研发条件，就业机会有限，技术贡献与收入不成比例，创业艰难等。针对以上原因，印度政府采取了一系列措施来吸引信息技术人才回流和相应的资金回流。

（1）增加科研投入。1970年印度科研经费为14亿卢比，1985年猛增至

---

① 何增科. 美国、新加坡、印度等国家在人才资源开发管理方面做法和经验的比较研究[J]. 马克思主义与现实（双月刊），2004（2）：30-32.

181 亿卢比，是发展中国家中科研经费增速度最快的国家。

（2）兴建高科技基地。印度在新德里、班加罗尔、海德巴德等地兴建了 9 个高科技园区，打造了“亚洲硅谷”。此举措取得了明显成效，近年有 3 万多名印度海外人才回到班加罗尔工作，他们创办了 100 多家高新技术企业，带动了印度信息技术产业的发展，也在一定程度上缓解了印度信息技术产业人才就业机会少的问题。

（3）建立科学人才库。印度于 1958 年设立科技人才储备局，主要针对海外印度人才开展工作。1959 年开始，印度政府为有意回国工作的印度海外人才建立科学人才库，到 1995 年已帮助 5 000 多名海外人才返印工作。

（4）提高薪酬和福利待遇。主要的福利待遇有：对回国人员实行高工资、高奖金、公司优先认股权、各类生活补贴、对带回的项目给予国家补助金等。

（5）改善工作及生活条件。印度一些重点实验室及高科技园区工作人员的工作条件与生活条件已经接近西方发达国家水平。

（6）减轻学生投入教育的经济压力。每个学生接受高等教育时，可申请国家贷款或助学金。

（7）制定法律保护知识产权。信息技术行业盗版猖獗，为了保护信息技术人才的合法权益，印度在 1994 年制定了《版权法》，2000 年又出台了《信息技术法》。

（8）广泛吸收外资。印度每年涌现出大量信息技术人员，其凭借工资低、技术人员多的优势，吸引世界信息技术产业巨头来印建立生产及研发基地，充分利用本国的人才资源。政府通过创立风险基金和提供税收优惠等措施鼓励外资企业落地发展，进而增加信息技术人才的就业机会，减少人才外流。

经过印度政府多年的不懈努力，印度信息技术人才外流的比例已经从 1992 年的 25%下降到 1999 年的 14%，同时也出现人才回流的现象。回流的人才带来了大量的资金。据统计，印度回国投资的数额为平均每人每年 20 万美元①。

第四节　专业技术人才与区域经济协调发展的关系

专业技术人才作为有“活性”的人力资本，比货币、物质等“刚性资本”具有更强的创新性和更广阔的增值空间，尤其是当今的时代背景下，人力资本

① 胡又牧. 国际人才竞争［M］. 北京：企业管理出版社，2004：96-99.

所独具的边际报酬递增的属性，决定了人力资本投资相较于其他物质投资对经济增长具有更高的回报率。专业技术人才与我国区域经济协调发展的关系，主要体现在以下四个方面：

一、专业技术人才是实现区域经济可持续发展的助力器

在自然资源日趋匮乏、环境恶化、生态失衡的硬性约束条件下，单纯依靠高能耗、高污染和低产出的粗放型经济增长方式难以维持区域经济持续、健康、高效的发展。特别是在产品日新月异和知识经济迅猛发展的今天，经济增长可以通过发展低耗能的相关产业来降低对自然资源的过度依赖，同时可以创造良好的外部环境。科技知识和创新能力日益成为推动经济增长的优势力量，而对专业技术人才的投资和储备则是科技创新的原动力。

在区域经济发展的进程中，要着力提高产业结构中“活”的人力资本贡献的比重，降低“死”的物质资本贡献的比重。即在区域经济发展的过程中，一方面要保持物质资本投入水平在合理的范围内，另一方面更要重视人力资本的投资、开发、储备和利用，加大教育培训、卫生保健、文体娱乐、迁徙就业等方面的投入，将人力资本因素真正内生于经济增长的全过程，实现良性发展。在不牺牲经济增长速度的前提下，在生态资源环境可承载的范围内，充分发挥科技创新和人力资本对经济增长的贡献水平，提高经济发展的质量和效益。

二、专业技术人才对缩小地区发展差距具有重要意义

自改革开放以来，一部分地区成了首批享受国家优惠政策而率先发展起来的地区，如一些东南沿海城市，这也直接导致我国地区经济发展差距迅速扩大。区域间经济发展的不平衡，已成为我国未来经济社会发展的制约因素。造成区域经济发展不平衡的因素除了有历史因素、自然条件因素、政策倾向因素等，还包括各地区对人力资本的投入、专业技术人才比例等，尤其是中西部欠发达地区在专业技术人才的数量、质量、结构和分布上远远不如东部发达地区，使得这些地区在区域创新能力和吸收、人才吸引等方面存在不足。除此之外，地区经济规模和财政水平，也限制了欠发达地区在专业技术人才投入规模的扩张。

专业人才队伍短板明显不均，也是当今欠发达地区人力资本发展的一大限制因素，大部分的教育与科研经费往往过度倾向于在校教育，而在继续教育方面短板比较明显，如对在职业技术教育、人力资本市场建设、医疗卫生、就业

信息传递和搜集等方面重视不够，欠发达地区在就业机会、晋升机会、薪酬福利、公共服务和社会保障方面建设不足，很难形成对专业技术人才的吸引力，从而导致了本地区人才外流，对其他地区的人才吸引力弱等。欠发达地区由于长时间的人才投入和积累不足，因此在面对发达地区的经济转移时，有时也很难充分利用。

以上分析表明，物质资本投入与专业技术人才的失衡是造成区际经济发展巨大差距的两大原因，因此想要缩小区域发展的差距，实现经济协调均衡发展，欠发达地区必须加大对人力资本的投入。

三、专业技术人才是构建区域竞争力的关键因素

生产要素禀赋是决定区域分工和经济布局的重要因素，而生产要素禀赋的差异则决定了各自区域不同的潜在比较优势，潜在比较优势转化为区域现实竞争力的前提是存在与之匹配的专业技术人才。在当今协同发展和一体化进程逐步深入的时代背景下，由基础设施专业人才、知识储备、物质资本、自然资源、区位条件等生产要素综合决定的区域竞争力体系中，专业技术人才发挥着关键的作用，是影响区际分工的重要因素。在当前经济环境和市场条件下，缺乏与区域要素禀赋匹配的专业技术人才，具有比较优势的区域产业将难以为继或经济效益得不到充分的发挥。另外，在一定的外生技术条件下，区域专业技术人才的总体素质能够弥补其他生产要素的不足，或者在现有生产要素水平的条件下，劳动力的知识素养和技能水平的提升能够强化区域优势产业竞争力，降低生产和运营成本，提高其他生产要素的产出水平，提升全要素生产率。

综上所述，一个地区的整体创新能力是区域竞争力的核心来源，而创新能力的大小则取决于当地的人才水平。作为生产要素中最活跃的部分，专业技术人才的创新性对区域优势产业竞争力的保持和发挥具有难以替代的作用。

四、专业技术人才有助于落后地区摆脱“贫困陷阱”的束缚

落后地区教育培训和医疗卫生水平落后、人口整体素质不高、人才流失和浪费突出、高水平和适用人才匮乏、人力资本市场不完善等问题的存在，严重制约了落后地区依靠专业技术人才实现经济赶超。因此，对落后地区的投入和政策扶持应由重物质资本投入的“输血机制”向重专业人才投入的“造血机制”转变。对落后地区教育科技、医疗保健等方面的投资具有良好的经济社会效益，重点培育其经济活力和可持续发展能力，实现“经济增长—专业技术人才质和量的提升—物质资本投入和产出水平的提高—社会财富增加—经济

进一步增长”的良性循环。通过提升落后地区自身专业技术人才水平，增强其经济实力和发展后劲，缩小同发达地区在经济社会发展水平上的巨大差距，逐步摆脱贫困落后的现状，改善民生，提高居民可支配收入水平，最终实现区域协调发展和共同富裕①。

① 刘畅. 关于我国人力资本与区域经济协调发展关系的探讨［J］. 人口与计划生育，2012（3）：23-24.

第二章 四川省区域发展现状

在国家区域协调发展战略的总体指导下，四川立足于省情，因地制宜谋求发展，曾先后提出实施“依托一点、构建一圈、开发两片、扶持三区”“五大经济区、四大城市群”等促进区域协调发展战略。自“十三五”规划以来，四川经济快速发展，稳居全国经济大省第6位、西部经济体量第1位；产业结构不断优化升级，第三产业在四川经济中占主导地位；城乡就业人数不断增长。但是，四川省各市、州的发展仍存在不协调的问题：总体经济呈断层式发展，成都市经济占全省经济总量的1/3；工业化进程差异大，甘孜、阿坝和凉山三个州仍然处于工业化初期；城镇化水平参差不齐，16个市、州城镇化率均低于全省平均水平；就业、教育、财政投入、保险等公共服务仍存在“城乡二元结构”现象，民族自治地区人口受教育程度依然较低，文盲率较高，特别是技能型人才缺乏；人才政策类型不协调，高层次人才为战略重点，底层配套不足，呈现“倒三角”型政策体系；人才政策区域不协调，区域发展中无相应的政策配套或政策与需求不相适应。

目前，四川在发展规划、生产要素、政策调控、基本公共服务等方面采取了积极的政策措施，以改进存在的不协调问题，从而促进区域协调发展，但忽略了人才政策的协调对区域经济协调发展的意义。因为，作为区域增长极的大城市虽然会通过“外溢效应”带动周边区域经济发展，但是，增长极“饱和度”不够时，在快速发展过程中会快速集聚包括人才、物质资源等要素，产生“虹吸效应”，抑制周边区域经济发展。以成都市为代表的各市“抢人大战”对乡村人才的“虹吸效应”严重，而在落后地区的经济发展过程中，人力资本是比物质资本更重要的资本，经济发展主要取决于专业技术人才。所以，在各市、州的人才政策各自为政，发展区从欠发展区吸取人才的状况下，政府需要站在区域协调发展的视角，制定相关专业技术人才协调政策，以促进经济欠发达地区与发达地区的协同发展。

第一节 四川省区域协调发展现状

一、总体经济发展现状

四川经济总量保持了快速增长，从1978年的184.6亿元，到1991年越过千亿元大关，2007年跻身万亿元俱乐部。2018年，四川经济总量突破4万亿元，平均一天创造的增加值超100亿元，已超过改革开放初期半年的经济总量，一年的经济总量已超过1978—2002年25年的总和。四川继续稳居全国经济大省第6位、西部经济体量第1位。经济增速在2015年和2016年连续两年跌破8%之后，2017年经济触底企稳，增幅重回“8时代”水平。2018年基础设施投资比重超过1/3，工业投资增速持续高于全国平均水平，民间投资恢复，回升势头良好，房地产开发投资从降转升。“大众创业万众创新”等就业政策推动就业形势总体稳定。在失业保险和最低工资标准上调、精准扶贫政策效应逐步显现等积极因素推动下，城乡居民收入稳步增长；钢铁、煤炭等落后产能加快淘汰，转型发展促进了企业效益的提高，黑色金属冶炼和压延加工业利润成倍增加，供给侧结构性改革取得了显著成效。

2018年，四川省经济总量迈上新台阶，经济结构实现新突破，新动能活力持续释放，经济运行总体平稳、稳中有进。经核算，2018年全省实现地区生产总值40 678.13亿元，按可比价格计算，比上年增长8%，增速比全国平均水平高1.4个百分点（见图2-1）。其中，第一产业增加值4 426.66亿元，增长3.6%；第二产业增加值15 322.72亿元，增长7.5%；第三产业增加值20 928.75亿元，增长9.4%（见图2-2）。

2018年年末，全省城乡就业人员4 881万人，比上年增加9万人；其中，城镇就业人员1 680万人，比上年增加38万人；乡村就业人员3 201万人，比上年减少29万人①。城乡就业构成比由上年的33.7%∶66.3%变为34.4%∶65.6%，城镇就业比重比上年增长0.7个百分点。按产业划分，第一产业1 752.3万人，减少40.6万人；第二产业1 327.6万人，增加12.2万人；第三产业1 801.1万人，增加37.4万人。三次产业就业结构由上年的36.8%∶27.0%∶36.2%变为35.9%∶27.2%∶36.9%。全省实名登记2018届离校未就

① 四川省人力资源和社会保障厅，四川省统计局. 2018年四川省人力资源和社会保障事业发展统计公报［N］. 四川日报，2019-08-04（4）.

业高校毕业生 6.2 万人，实现就业创业 5.8 万人，占登记总数的 94.1%，与上年基本持平。全年共奖励大学生 1 万人，发放创业补贴 0.8 亿元。高校毕业生就业见习基地 2 075 个，全年有 5 283 名高校毕业生参加就业见习，招募 1 502 名“三支一扶”人员到农村基层服务。

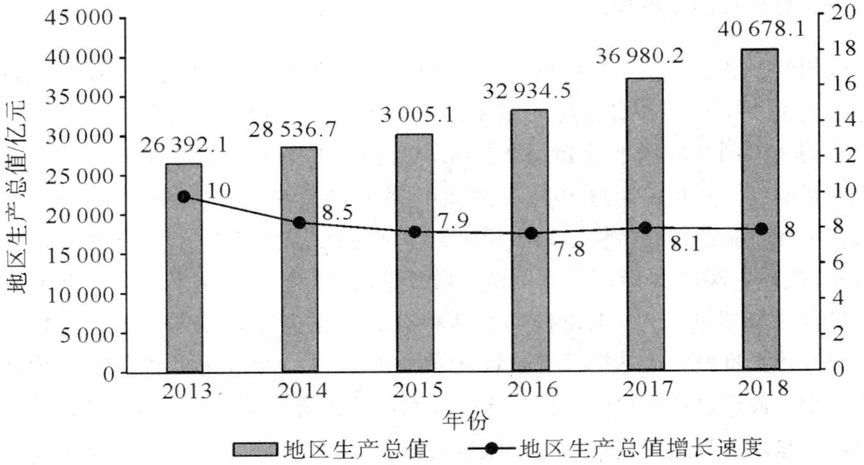

图 2-1　2013—2018 年地区生产总值和增长速度

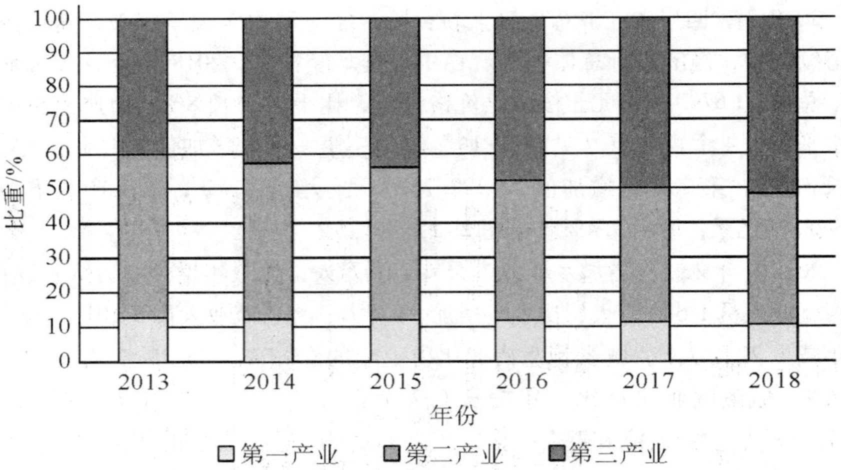

图 2-2　2013—2018 年三次产业增加值占地区生产总值比重

二、区域不协调发展现状

（一）总体经济断层发展严重

从经济总量来看，成都市经济总量占全省的六成左右，其中成都市经济总量占全省的比重超过1/3，四川省内经济断层式发展现象严重。从2017年数据来看，成都市地区生产总值为13 889.39亿元，是甘孜藏族自治州地区生产总值的53倍多，两极分化严重。目前四川省各市、州从经济总量来看可以分为三级，一级为成都市，四川省唯一的一个万亿级城市；其次是以绵阳、德阳、宜宾、泸州等为代表的千亿级城市，但其中最高的也刚到两千亿元，与成都市有很大差距；第三级则为广元、巴中、雅安以及甘孜州、阿坝州，这些地区自然条件较差，多为农村地区，经济欠发达。四川各市、州2010—2017年地区生产总值情况见图2-3。

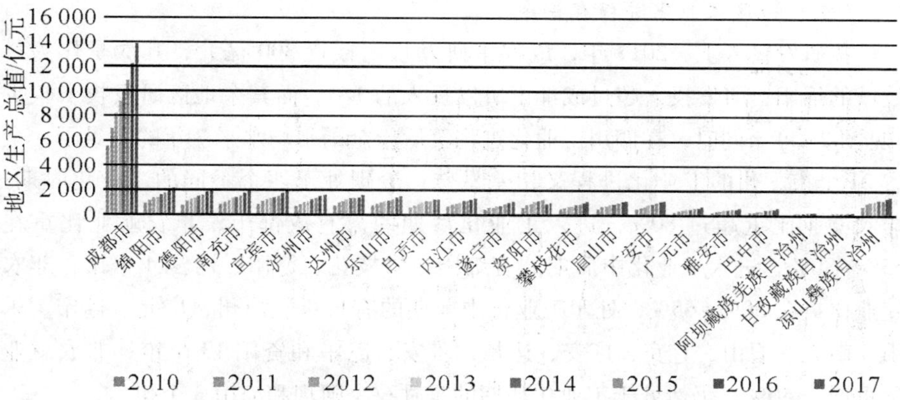

图2-3 四川各市、州2010—2017年地区生产总值

（二）人均地区生产总值差距明显

如图2-4所示，成都与攀枝花的人均地区生产总值较高，巴中市人均地区生产总值最低。按照人均地区生产总值与全省平均水平之比，全省21个市、州分属相差悬殊的四类收入地区。第一类，攀枝花和成都2市，人均地区生产总值与全省平均水平之比超过1.5，为本省高收入地区。第二类，自贡、德阳和乐山3市，人均地区生产总值与全省平均水平之比在1~1.5，属于本省的中等偏上收入地区。第三类，泸州、绵阳、遂宁、内江、眉山、宜宾、广安、雅安和资阳9市，人均地区生产总值与全省平均水平之比在0.75~1，属于本省的中等偏下收入地区。第四类，广元、南充、达州、巴中、甘孜、阿坝和凉山7个市、州，人均地区生产总值与全省平均水平之比在0.75以下，属于本省的低收入地区。其中，巴中最低，巴中与全省平均水平之比仅为0.41。

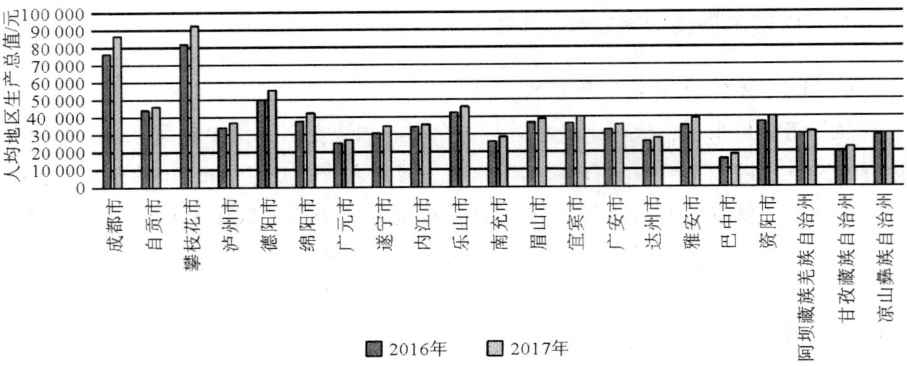

图 2-4　四川 2016 年和 2017 年各市、州人均地区生产总值

(三) 地区工业化进程有差异

在研发投入上，2017 年，成都市研发投入接近 300 亿元，其次是作为科技城的绵阳，研发投入超过成都市研发投入的 1/3，而其余地区研发投入较少(见图 2-5)。同时，在四川工业化进程落后于全国平均水平 7 年的背景下，全省 21 个市、州的工业化进程又相差悬殊，分别处于四个不同的工业化时期。非农就业比重超过 80%，进入工业化后期的只有成都市；非农就业比重在 65%~80%，进入工业化中后期的有绵阳、攀枝花、德阳、内江 4 个市；非农就业比重在 50%~65%，处于工业化中前期的有自贡、泸州、广元、遂宁、乐山、南充、眉山、宜宾、广安、达州、雅安、巴中和资阳 13 个市；非农就业比重低于 50%，仍然处于工业化初期的是甘孜、阿坝和凉山 3 个州。

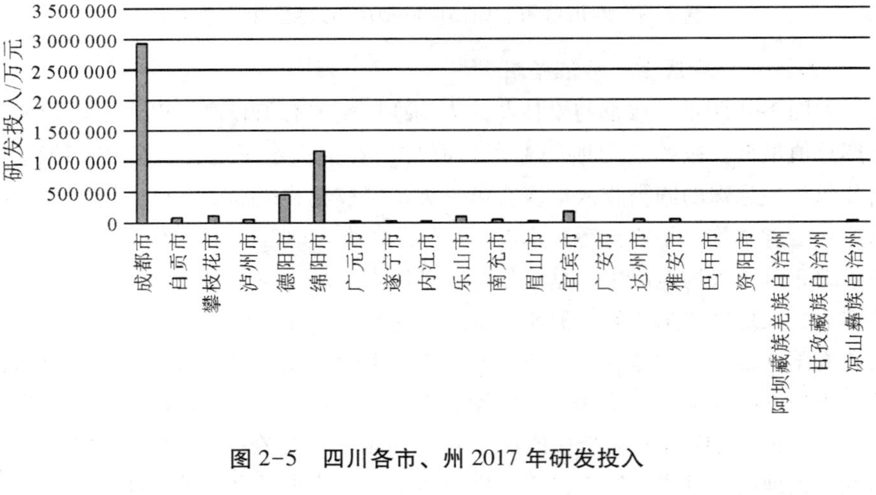

图 2-5　四川各市、州 2017 年研发投入

（四）城镇化进程步调不一

全省城镇化水平整体落后。城镇是产业和人口的主要载体，工业化是城镇化的坚实推动力。四川省各地区城镇化进程步伐不统一。2017 年四川的城镇化水平为 50.8%，落后于全国平均水平 7.7 个百分点。更为突出的是，目前全国的工业化进程与城镇化进程基本同步，而四川的城镇化进程落后于自身的工业化进程 1 个百分点左右。在全省城镇化进程明显滞后的背景下，各市、州的城镇化进程也参差不齐。其中，城镇化率高于全省平均水平的有成都、攀枝花、德阳、绵阳、自贡 5 个市，其余 16 个市、州城镇化率均低于全省平均水平（见图 2-6）。

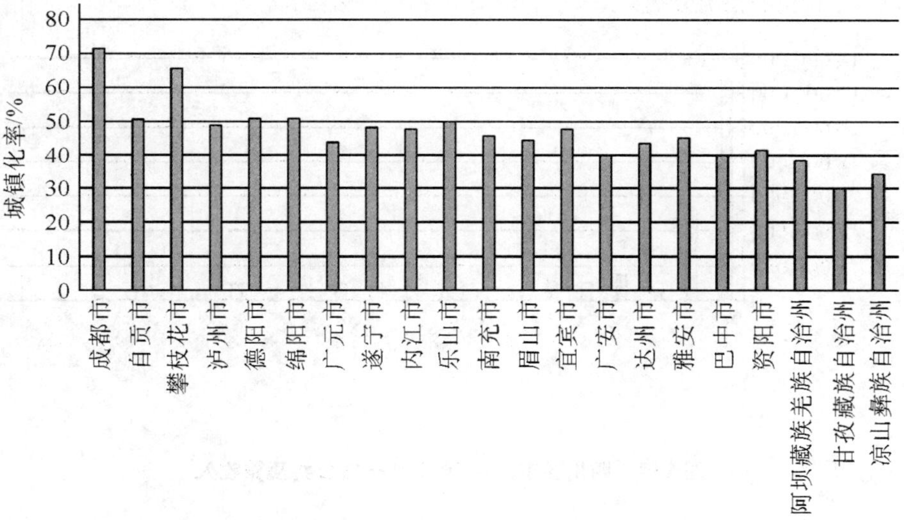

图 2-6　四川各市、州 2017 年城镇化率

（五）公共服务结构失衡

在城乡双社会划分的背景下，我国的公共服务系统始终是城乡二元的，城市的公共服务基本由公共财政供给，而农村公共服务的供给主要靠农民自己。农村教育、医疗卫生、社会保障和公共基础设施等公共服务供给不均等化，最终带来的是城乡居民所享受公共服务的巨大差异①。四川省城乡公共服务整体水平较低，城乡发展差距呈现日益扩大的趋势，各个公共服务项目发展水平差距较大，尤其在生态环境、科技、社保和就业等方面差异巨大，与四川省社会经济发展对公共服务的要求不协调。从 2006 年起，四川省政府在城乡基本公共服务均等化

① 刁述军，吴平. 四川省城乡基本公共服务进一步均等化研究［J］. 商业时代，2013（16）：135-137.

方面取得了一定的成果，呈现出总体向好的趋势，公共卫生、公共文化、社会保障和就业服务水平高于全国平均水平，并跃居西部主导地位。但是，四川省农村公共服务发展情况相比东部地区还有较大差距，且四川省城乡基本公共服务的结构存在严重的不平衡，城乡在基础教育和社保、就业方面的差距尤为明显。2000年以来四川民族自治地方人口平均受教育年限有了较大提高，文盲率显著下降，技能型人口比重也有一定提高，但相较于发达地区经济社会发展的需要，四川民族自治地方人口受教育程度依然较低，特别是技能型人口缺乏，文盲率还较高，受教育的性别差异较大。四川各市、州2017年一般公共预算收入、保险购买情况及学校覆盖情况分别见图2-7、图2-8和图2-9。

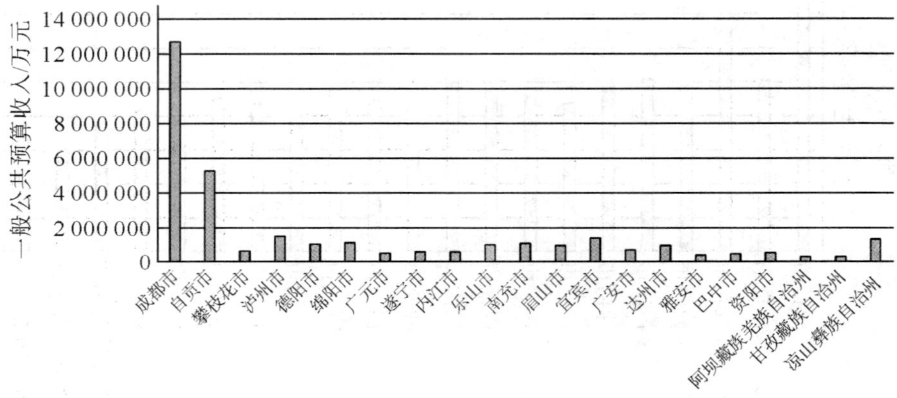

图2-7　四川各市、州2017年一般公共预算收入

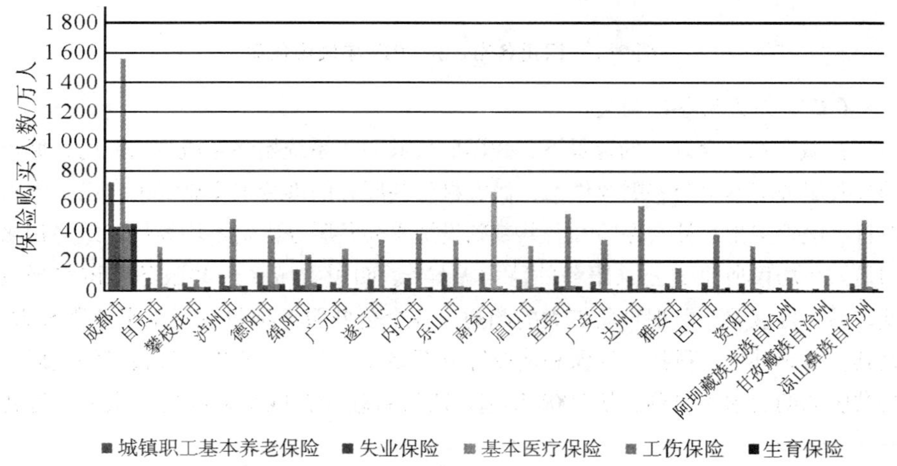

图2-8　四川各市、州2017年保险购买情况

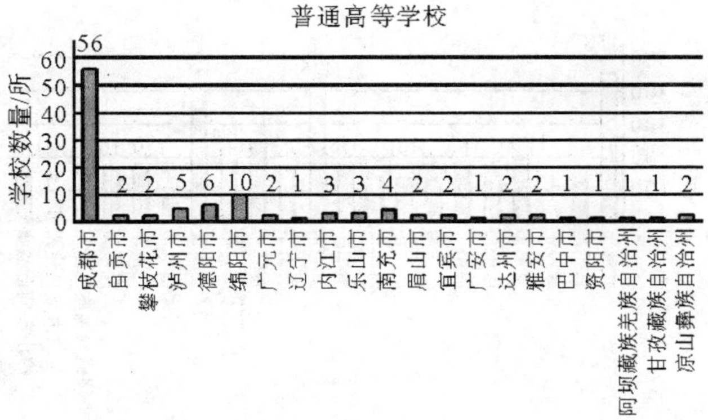
普通高等学校
学校数量/所
60
50
40
30
20
10
0
56
2
2
5
6
10
2
1
3
3
4
2
2
1
2
2
1
1
1
1
2
成都市
自贡市
攀枝花市
泸州市
德阳市
绵阳市
广元市
辽宁市
内江市
乐山市
南充市
眉山市
宜宾市
广安市
达州市
雅安市
巴中市
资阳市
阿坝藏族羌族自治州
甘孜藏族自治州
凉山彝族自治州

(a)

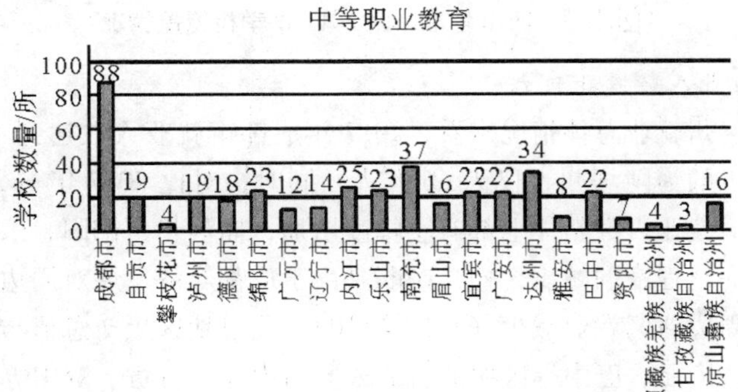
中等职业教育
学校数量/所
100
80
60
40
20
0
88
19
4
19
18
23
12
14
25
23
37
16
22
22
34
8
22
7
4
3
16
成都市
自贡市
攀枝花市
泸州市
德阳市
绵阳市
广元市
辽宁市
内江市
乐山市
南充市
眉山市
宜宾市
广安市
达州市
雅安市
巴中市
资阳市
阿坝藏族羌族自治州
甘孜藏族自治州
凉山彝族自治州

(b)

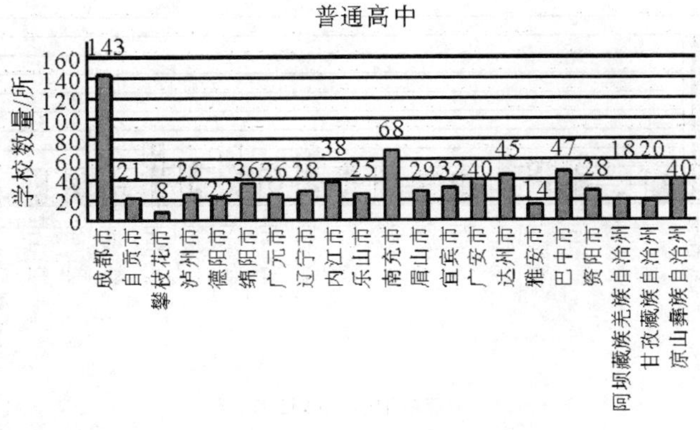
普通高中
学校数量/所
160
140
120
100
80
60
40
20
0
143
21
8
26
22
36
26
28
38
25
68
29
32
40
45
14
47
28
18
20
40
成都市
自贡市
攀枝花市
泸州市
德阳市
绵阳市
广元市
辽宁市
内江市
乐山市
南充市
眉山市
宜宾市
广安市
达州市
雅安市
巴中市
资阳市
阿坝藏族羌族自治州
甘孜藏族自治州
凉山彝族自治州

(c)

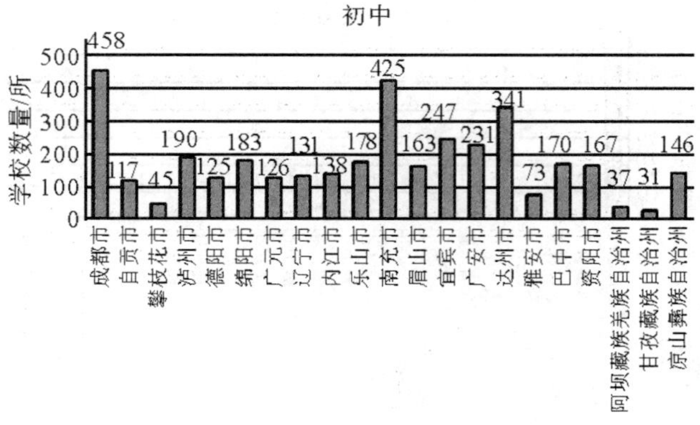

(d)

图 2-9　四川各市、州 2017 年学校覆盖情况

（六）就业人数差距较大

从各市、州就业总体情况来看，2017 年成都市就业人数达到了 892 万人，就业人数最少的为阿坝州，仅为 66 万人。同时，对比 2017 年与 2016 年的数据可以看出，就业人数整体上都有小幅度增加，而泸州、德阳、乐山、资阳就业人数却有一定程度的减少，初步判断是由于成都经济发展对周边城市人才的吸引而导致周边地区就业减少（见图 2-10）。通过地区生产总值与就业人数对比可以看出，广元、巴中等区域的就业人数与内江、自贡、资阳等市接近，但地区的生产总值相差很大，主要原因可能是广元、巴中等地产业处于产业链低端，附加值低，导致人均效率较低，地区经济发展落后。

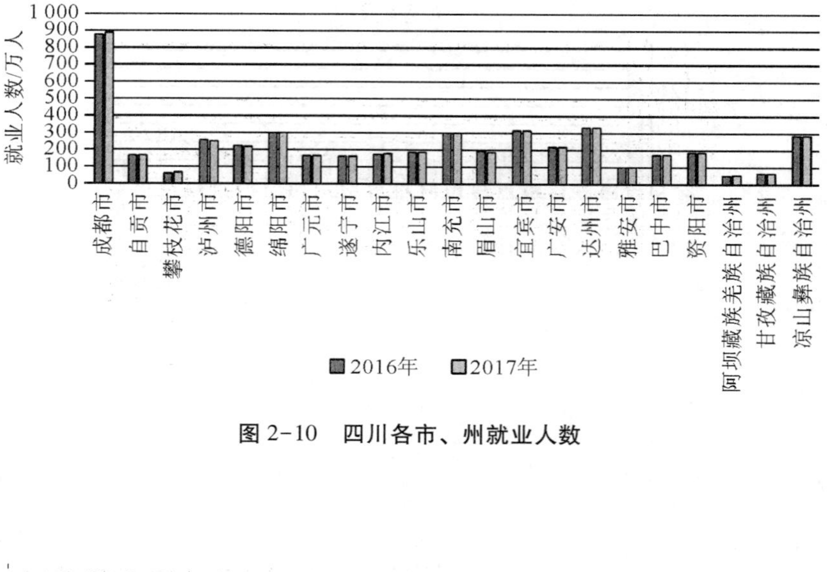

图 2-10　四川各市、州就业人数

（七）人才政策非协调化

2009—2018 年，四川省有 38 个部门和单位参与了过去 10 年的人才政策制定。其中，四川省人力资源和社会保障厅制定的政策多达 70 项，占总数的 32.1%；四川省财政厅制定政策 25 项，占总数的 11.5%；四川省委组织部制定政策 19 项，占比 8.7%。除上述 3 家单位外，政策制定达到 10 项以上的单位还有四川省教育厅和四川省人民政府，制定的政策数分别为 15 项和 11 项。高端人才渐成四川省政府人才工作重点发文对象。包括省委组织部、科技厅、教育厅、财政厅在内的多家单位均对四川省引进、培养高端人才制定了有效的措施政策，省委办公厅 2016 年颁布的《四川省"十三五"人才发展规划》更是提出应该把高层次人才作为人才队伍建设的战略重点，突出"高精尖缺"的重要性。

四川省在 2009—2018 年出台的人才政策中保障类、激励类、培养类、评价类、引进类、综合类的数量分别为 20 项、8 项、20 项、17 项、8 项和 48 项。总体上看，综合类人才政策的制定数量远多于其他 5 类，约占总体的 40%，而引进类和激励类的政策数量则比较少，约占总数的 7%。由此可见，近 10 年的四川人才政策以综合类政策为主，呈现不均衡分布的情况。综合类政策更多的是宏观型政策，而政策实施还需要评价、激励等各类政策的保障。政策类型的不均衡也导致了四川省人才政策呈现顶层设计较全、底层配套不足的"倒三角"型政策体系现状。四川省的人才政策体系规划包括专业技术人才、企业人才、技能人才、农村人才等，基本是以《四川省"十三五"人才发展规划》为基础分类的计划，政策规划较为完善。但是，没有协调好四川省各个市、县、州的人才政策，没有根据各个区域的地方特色实施相关人才政策。同时，四川省发布某些特定政策后，由于缺乏配套的、可具体落实的措施，导致在实施一些特定政策时出现了一些问题，或者根本无法实施。

第二节　四川省促进区域协调发展的政策演进

一、区域协调发展整体战略演进

改革开放政策的实施推动了我国传统计划经济体制向市场经济体制的转变，中央政府对地方经济发展的直接干预不断弱化，省域经济发展的相对独立性不断增强①。在此背景下，四川立足于省情，因地制宜谋求发展，在不同时期提出了不同的区域发展战略，曾先后提出实施“依托一点、构建一圈、开发两片、扶持三区”“五大经济区、四大城市群”“多点多极支撑”“一干多支”等战略部署。

（一）一点、一圈、两片、三区

1997年3月，重庆被批准设为直辖市，四川省行政区划发生重大调整。全省位置西移，人口、资源和土地面积也有所减少，成都成为四川唯一的超大中心城市。针对全省行政区划范围调整以及由此带来的省域经济活动空间的变化，1997年9月，四川制定了《四川省国民经济跨世纪发展战略》，调整了原区域发展战略，提出“依托一点、构建一圈、开发两片、扶持三区”的区域发展战略思路，即依托成都，加快成都平原经济圈建设，促进省内经济的快速增长；加快攀西和川南资源开发，使其作为四川重要的农产品生产基地和产业基地，提高省市发展动力；扶持、加快丘陵地区、盆周山区和民族地区的经济发展。

“一点、一圈、两片、三区”战略是在重庆直辖的背景下，对“依托两市，发展两线，开发两翼，带动全省”的战略调整，进一步确立了成都在引导和带动全省经济社会发展的核心地位。一方面，成都平原经济圈的提出，反映了自然地理条件对区域发展的正面效应开始受到关注，成都平原这一全省经济社会发展最有利的空间地域受到重视；另一方面，区域发展战略的制定开始探讨中心城市对区域经济活动的组织功能以及城镇的集聚规模与发展水平，以城市群为空间载体培育区域增长极的思路初露端倪。

基于西部开发战略，四川对区域发展战略进行了部分调整，在强调省域内各地区应因地制宜、发挥优势、突出重点、发展特色经济的同时，加快成都平原和攀西两个重点地区的发展，带动丘陵地区、盆周山区和民族地区经济，实现全省区域经济协调发展。

（二）五大经济圈、四大城市群

2006年制定的《四川省国民经济和社会发展第十一个五年规划纲要》在开展充分前期研究、总结改革开放以来四川区域发展战略演变的历史经验基础上，提出了发展成都、川南、攀西、川东北、川西北五大经济区，重点发展成都平原、川南、攀西、川东北四个城市群的区域发展战略。基于资源条件、地

① 戴宾. 改革开放以来四川区域发展战略的回顾与思考［J］. 经济体制改革，2009（1）：140-144.

理位置和发展潜力，明确了五大经济圈各自的功能定位、产业和城市的指导方向。

五大经济圈的划分通过分类指导，进一步明确了各区域的发展定位，体现了经济布局、人口分布、资源环境三位一体的空间均衡原则和区域协调发展的思路。四大城市群的提出，强调了城镇集聚与区域发展的关系，突出了大中城市及其空间聚合在区域发展中的核心作用。

（三）多点多极支撑战略

“十二五”时期，四川省委、省政府为解决区域发展、城乡发展不平衡、不协调等问题，做出了一系列部署。尤其是四川省委十届三次全会深化了对省情的再认识，提出了实施多点多极支撑、“两化”互动、城乡统筹和创新驱动三大发展战略。2013 年 2 月 19 日，四川省委常委会讨论了《中共四川省委四川省人民政府关于实施多点多极支撑发展战略的指导意见》，四川迈出了全域全面开发、多点多极共兴、重塑经济版图、实现强省之梦的步伐。期间，全省上下坚持科学发展、加快发展的工作基调，创新协调发展机制，不断激发发展动力与活力，形成了首位一马当先、梯次竞相跨越、城乡统筹发展、底部基础不断夯实的生动局面。成都经济总量突破万亿元大关，首位城市辐射带动能力进一步增强；天府新区获批为国家级新区，上升为国家战略；川南经济区、川东北经济区、攀西经济区、川西北生态经济区竞相跨越，今年全省过千亿市、州总数将达到 14 个，比“十一五”末新增加 13 个；县域经济发展步伐不断加快，经济总量过百亿的县达到 105 个，比“十一五”末新增 41 个。同时，统筹城乡综合配套改革深入推进，“五项总体规划”和“五项改革”经验得到了中央的充分认可。城乡公共服务配套逐步趋于协调，新型城镇化和幸福美丽新村建设加快推进，2015 年全省城镇化率达到 47.5%，比“十一五”末提高了 7.3 个百分点，“十二五”累计新建幸福美丽新村（村落）5 000 个以上，形成了城市农村地区共同发展的新格局。

（四）“一干多支”发展战略

“十二五”时期我国发展取得了重大成果，但发展不平衡、不协调、不可持续问题依然突出。四川地处西部，总体发展迟缓，人均地区生产总值、人均收入、城镇化水平都明显低于全国。立足四川省情，我们必须遵守“两个跨越”发展目标，并将“三大发展战略”与“四个全面”战略布局相衔接，以协调发展理念引领区域经济未来发展。

“十三五”时期，四川省推动区域协调发展的总体要求是深入实施多点多极支撑发展战略，着力强化发展统筹，构建区域协调发展系统，塑造要素有序自由流动、主体功能约束有效、基本公共服务均等、资源环境可承载的区域协调发展新格局。四川省促进城乡协调发展的总体要求是坚持工业反哺农业、城市支持农村，积极实施“两化”互动、城乡协调发展战略，促进城乡要素平等交换和合理分配。

2018 年 11 月，四川省委、省政府印发《关于实施“一干多支”发展战略推动全省区域协同发展的指导意见》（以下简称《指导意见》），该《指导意见》指出，要推进环成都经济圈、川南经济区、川东北经济区、攀西经济区、川西北生态示范区协同发展，充分发挥不同区域发展优势，突出功能定位，深化协同联动，统筹推进城市间同城化发展和区域一体化发展、协同发展，打造区域发展共同体。

首先要突出成都引领辐射带动作用。推进环成都经济圈内圈同城化，通过同城化发展共享发展环境、发展政策、发展资源、发展平台，赋予德阳、眉山、资阳“成都优势”。按照公园城市理念规划建设，加快提升发展能级，形成具有国际竞争力的城市群，将“主干”从“成都”扩展升级为“成德眉资”。推动成都平原经济区整体一体化发展，推进空间规划无缝对接，着力在基础设施、产业布局、生态环保、公共服务、户籍管理、人才流动、政策协调等方面取得突破，带动川南经济区、川东北经济区一体化发展。

其次要加强经济区协同发展。发挥成都平原经济区转型发展排头兵、创新发展发动机、跨越发展压舱石的重要作用，推动成都平原经济区与川南经济区、川东北经济区在开放大通道建设、产业统筹布局、社会公共服务、城市群发展、解决生态环境突出问题等方面加强协同联动，深化川渝合作深入推动长江经济带发展，共同提升成渝城市群发展能级；与攀西经济区在战略资源创新开发等方面加强合作，共同把攀枝花和安宁河谷地区的特色资源、清洁能源优势转化为全省的发展优势；与川西北生态示范区在生态建设、环境保护、旅游开发等方面加强合作，共同打造国家生态建设示范区、世界级旅游线路和景区。

最后要加强“三州”与内地协同发展。积极发展“飞地经济”，鼓励阿坝州、甘孜州、凉山州与内地合作共建产业园区，完善支持政策和利益分享机制。健全对口支援“三州”制度，深入推进省内外对口帮扶和定点帮扶，支持内地企业参与“三州”建设和扶贫开发，促进对口支援从单方受益为主向双方受益转化，推动扶贫协作从短期项目合作向长期战略协作拓展，提升民族地区自我造血功能。

二、促进协调的相关层面措施

"协调"是五大发展理念的重要组成部分。党的十九大做出实施区域协调发展战略的决策部署，要求建立更加有效的区域协调发展新机制。为深入实施国家区域协调发展战略，2019年10月，四川省委、省政府结合自身实际制定了《四川省建立更加有效的区域协调发展新机制实施方案》，分别从如下方面促进四川省区域协调发展：

（一）强化区域发展战略统筹

深入实施"一干多支"发展战略，促进成都平原经济区、川南经济区、川东北经济区、攀西经济区和川西北生态示范区五大经济区协同发展。以经济区、城市群一体化体制为指导核心，推动成-德-眉-资同城化和内-自同城化发展，支持毗邻地区、沿江沿线地区协同发展。

（二）强化区域发展规划及政策统筹

以区域发展规划为引领，统筹推进区域协同发展，适时开展五大片区"十四五"发展规划研究和编制工作。按照主体功能区要求，编制国土空间规划。联合编制实施跨区域重大专项规划。认真落实省委、省政府关于实施"一干多支"发展战略推动全省区域协同发展和加快推进五大片区建设发展的安排部署，完善区域发展政策体系，加强区域政策与财政、金融、产业、投资、土地、环保等政策的协调配合。

（三）促进区域要素自由流动

探索区域同城化的户籍管理配套保障措施。深入推进农村土地征收、集体经营性建设用地入市、宅基地制度改革，探索宅基地"三权分置"。引导科技资源按照市场需求优化空间配置，支持市、州协同推动前沿科学研究和尖端技术研发。

（四）完善区域互助机制

深化川粤、川浙扶贫协作。建立并完善帮扶项目的实施机制。强化以企业合作为载体的扶贫协作，吸引东部企业到贫困地区投资兴业、发展产业、带动就业。深入开展干部和人才的交流，建立完善劳务输出精准对接机制。推进四川省内对口扶贫和定点扶贫，支持内地企业参与"三州"建设和扶贫开发。加强对口支援资金和项目管理，纳入脱贫攻坚考核体系。创新开展对口协作（合作）。深入推进省内发达地区与欠发达地区、经济转型升级困难地区对口协作（合作），引导对口协作（合作）区域开展相互投资和贸易活动。

（五）完善基本公共服务均等化机制

增强基本公共服务保障能力。规范省与市、县共同财政事权事项的支出责任分担方式，基本公共服务投入向贫困地区、薄弱环节、重点人群倾斜。适当增加和上移市级支出责任，通过调整收入划分、加大转移支付力度等措施，增强县级政府基本公共服务保障能力。提高基本公共服务统筹层次。按照企业职工基本养老保险基金中央调剂制度要求，完善四川省企业职工基本养老保险省级统筹制度。建立覆盖全体、统筹城乡的基本医疗保险制度，巩固城镇居民基本医疗保险和新型农村合作医疗两项制度市级统筹模式。强化省级协调功能，加大义务教育转移支付规模。推动城乡区域间基本公共服务衔接。加快城乡基本公共服务体系的综合设计和实施，统一衔接服务内容和标准。加强市（州）基本公共服务合作，建立信息共享机制，积极推进面向公共服务的“一卡通”。

（六）创新区域政策调控机制

制定差别化区域环境保护政策。完善区域产业配套支持政策，对符合布局要求的重大产业项目，优先列入省重点项目计划名单，给予审批服务、协调调度、要素保障等方面支持。建立集约节约导向的供地政策。建立以亩产效益为导向的土地利用综合评价机制，优先保障集约节约用地的区域合作重大项目。健全耕地占补平衡管理机制。建立区域均衡的财政转移支付制度。完善一般性转移支付办法，加大均衡性转移支付力度，将人均财政支出差异控制在合理区间。适时完善省以下分税制财政体制，科学确定各级财政收入分享方式及比例。完善促进区域人才协同发展的政策措施。鼓励各地探索制定差别化的区域人才政策。落实成都平原经济区人才一体化发展政策措施，探索建立成都与其他市、州人才资源共享模式。

三、基层专业技术人才协调政策在协调发展政策体系中的忽略

从以上分析来看，到目前为止，四川仍然存在较严重的区域发展不协调问题，各市、县、州呈现断层式发展状态。四川省为了促进区域协调发展，从发展规划、生产要素、政策调控、基本公共服务等方面实施了积极的政策措施，目的是发展各个区域的经济水平，从而能够在公共服务、基础设施等方面达到相对协调发展状态。

在市场经济条件下，尤其是在当今信息化的时代，经济社会发展不再依靠自然资源优势，而是集聚自然资源的能力。谁能集聚资源，谁就有发展的优势。河北省三地的例子非常具有说服力：清河县不产羊毛，但成为羊绒交易中心，被誉为羊绒之都，年销售额超过200亿元；安平县不产钢铁，却成为钢丝网生产、交易基地，成交额占全国的85%；冀州区不产钟表，但成为钟表交易

中心。河北省的三个市场都说明，自然资源具有先天性，但在信息化和经济全球化趋势加快的今天，自然资源已经不再是决定经济发展的重要因素，人才才是最重要的。特别是区域经济转型中，对人力资源的需求是一个突变的过程，往往产生很多新问题、出现很多新矛盾，如原有产业劳动力的安置和新兴产业劳动力的需求等。这些特点使得区域经济发展的人力资源重要地位更加凸显。可以说，协调发展人力资源战略的正确与否是决定区域经济发展转型成败的重要一环。

四川是一个包含多个民族的大省，区域内经济差距较大，像甘孜、阿坝、凉山州等地自然条件恶劣，经济发展较为落后。在落后地区的经济发展过程中，人力资本是比物质资本更重要的资本，经济发展主要取决于人力资本，而非物质资本。但是在现有的政策中，对基层专业技术人才的相关政策制定得不够，虽然谈到要完善促进区域人才协同发展的政策措施，研究完善艰苦边远地区和基层一线人才激励引导政策等。但是，没有站在区域协调发展的角度制定关于专业人才区域协调发展的政策。从各市、县、州的人才政策来看，各自为营的现象较为严重，使得竞争能力较强的地区人才聚集增长，而经济欠发达地区人才日益稀疏。这种现象的出现，更加不利于四川省区域协调发展。

第三节　基层专业技术人才协调政策对促进四川省区域协调发展的现实意义

“十三五”时期，四川省推动区域协调发展的总体要求是深入实施多点多极支撑发展战略，着力强化发展统筹，构建区域协调发展体制。四川通过打造以成都市为首的经济增长极，从而通过“扩散效应”来辐射、带动周边地区的发展。首先打造成都经济发展圈，带动川南、川东、攀西、川西四大经济圈协调发展，其次，各个经济圈再积聚发展带动圈层内经济发展。但是，从现实经济发展运行中可以看出，并没有达到政策理想的状态。由于在经济发展过程中，各类资源要素集中在少数地区，优势经济区会产生“虹吸效应”，而且“虹吸效应”可能会大于“外溢效应”，使得地区间差距拉大，不协调性加剧。

一、增长极的外溢效应

（一）“增长极理论”来源

欧美发达国家早在20世纪初期就开始投入关于经济发展不平衡问题的研

究中，有诸多著名的经济学家在深入钻研后提出了相关的概念和理论。“增长极”的概念就是在此背景下提出的。法国经济学家弗朗索瓦·佩鲁（1955）认为，随着社会的不断进步，以熊彼特式创新能力为特征的企业或关联度较高的行业逐渐在某些地区汇集①，从而吸引到各地优秀的企业家、学者聚集在此，逐渐形成以本区域为中心的、经济相对发达的，并且能够对周边地区产生强大辐射作用的增长极，此增长极通过逐渐形成的优势以及产业价值的提升，带动周边区域的发展。在布代维尔（1957）的理论中，增长极是指在城市配置不断扩大的背景下形成的工业综合体，力图通过合理配置增长极以及工业发展来推动区域经济的发展。缪尔达尔（1957）在其出版的书中提出了累积循环因果理论，通过此理论解释了地理学层面的“二元经济”结构，利用“扩散效应”和“回流效应”两个概念说明了发达地区对落后地区的积极与不利影响，并据此提出了关于将二元结构逐渐转化为一元的政策意见，逐渐缩小贫富之间的差距。赫希曼（1958）在不断研究探索中提出了“核心—边缘”区域模式，以及相关的“涓滴效应”和“极化效应”。该学者认为，在增长极初期，“极化效应”会使得区域间差距扩大，但经过一段时间后，“涓滴效应”会促进区域的发展，从而缩小周边区域与核心区间的差距。因此，赫希曼根据此理论提出，各级政府应当有效利用“涓滴效应”，将理论充分运用到实践中去，推动区域全面发展。弗农（1966）在工业产品的生命周期理论的基础上提出了“产品循环说”，他认为“创新、发展、成熟、衰退”四个阶段是工业产品的一个完整生命周期②。汤普森（1966）在《对制造业地理的几点理论思考》一文中提出了“区域生命周期理论”，他认为一个工业区的发展会经历“年轻、成熟、老年”三个阶段，在每一个阶段都会面临不同的问题和竞争压力。随后，在弗农和汤普森的生命周期理论基础上，产业梯度转移理论进一步发展，该理论认为由于各地区之间的经济、技术等存在差异，处于不同发展梯度，随着时间的推进，位于高梯度的地区会向更高一级发展，而这一梯度内相对落后的经济、技术会转移至低梯度地区。原本处于低梯度的地区，充分利用高梯度的淘汰产业，优化创新当地自有产业，推动了该地的发展。

正是有了这些学者的不断研究和创新，使得增长极理论的内涵得到了极大的丰富和完善。

（二）国内关于城市辐射效应的研究

为推动我国经济的发展，改善目前区域经济不平衡的现状，国内大多数学

① 段芳．西安城市工业时空演进规律与工业布局优化研究［D］．西安：西北大学，2012.

② 罗捷茹．产业联动的跨区域协调机制研究［D］．兰州：兰州大学，2014.

者的研究主要集中于城市的经济辐射。已有的研究文献具有以下特点：一是文章研究对象涉及的地域跨度大。武洋（2018）主要研究了京津冀地区科技资源的集聚程度以及三个地区的城市辐射能力，采用的方法是科技资源集聚测度模型，并基于此提出了河北省的发展建议。江璐璐等（2013）运用线路分析、节点分析以及引力模型，测度了安徽省与周边地区的经济联系程度，并明确了相互之间在经济层面的联系方向。胡树华（2013）以武汉市为研究对象，估算了其服务业辐射能力。二是相关学者在对城市的经济辐射范围进行研究时，更多的采用了主成分分析法（陈浩 等，2005）、熵值法（卢小丽 等，2018）、层次分析法（冯德显 等，2006）、因子分析法（李敏 等，2003）。以上四种分析方法分别建构了不同的模型，包括引力模型（朱道才 等，2011）、断裂点理论（赵正 等，2017）以及威尔逊模型（李凯风 等，2017）。三是从这些文献的研究对象中不难发现，研究区域主要集中在中、东部地区，而关于西部地区的研究相对较少。根据 CNKI 数据库，自 1984 年以来，其共收录了以“经济辐射”为主题的文献 314 篇，我们在利用专业软件对 314 篇文献的关键词进行分析后发现，以“长三角”“上海”“京津冀”等为关键词的文献出现次数为近 20 次，而以“陕甘川”“陕南”等为关键词的文献出现次数仅为 4 次，远低于 20。虽然四川省地理位置没有显著优势，但作为我国西部的经济大省，城市竞争力大，在很多方面能够与东部发达地区相比较。但其中也存在一定问题，由于成都市发展速度较快，经济总量占全省三分之一以上，导致四川省内部区域间发展不协调。因此，为推动四川省经济全面发展，缩小省内各区域间差距，推动区域协调可持续发展，中共四川省委十一届三次全会提出，要在四川建设副省级经济中心，并宣布了除成都外的 7 个区域中心城市[①]。

二、增长极的虹吸效应

（一）“虹吸效应”机理分析

对于在较小地区范围内经济集聚规模较大的地区中心城市来说，其发展主要依靠吸纳并积累周边城市及城镇的生产要素来实现，这使得周边小城市或者是中小城镇的人才等各类要素在中心城市集聚，人才集聚使得中心城市内需及市场规模不断扩大，创新能力不断提升（刘和东，2013）。但同时这也会给区域中其他中小城市的发展带来一定的负面影响。对于像成都这类省级中心城市

① 孙超英，张志林. 四川潜在经济副中心的经济辐射效应分析［J］. 成都行政学院学报，2019（3）：52-56.

来说，优质医疗、教育、基础设施资源高度聚集且各类资本充裕，使得城市运行成本高，提高了生产要素价格，对劳动力等要素吸引力进一步加大，将会从劣势地区持续吸引人才、投资、人口、信息等各类优质资源。对大城市来说，这将会导致竞争力的进一步提高及规模的进一步扩大。而对于向其供给各类要素资源的其他周边城市来说，由于其优质资源的不断流失，其专业人才储备及经济发展可能会受到负面影响。

（二）城市发展的“虹吸效应”研究

朱凯锋（2014）发现，在首都经济圈内，北京市和天津市对河北省产生了强大的“虹吸效应”，导致其人力等资源十分匮乏，发展受到极大限制。范子英等（2018）发现地铁线路周围房价会显著提高，然而稍远距离的房价则受到“虹吸效应”的影响，呈现更大幅度的下降。张茉楠（2018）指出，特朗普新税改可能会对全球产生“虹吸效应”，吸引企业、人力、资本等回流美国。班娟娟（2018）论证了新一线城市的人才“虹吸效应”逐渐显现。杨炜峰（2018）认为高铁等交通基础设施改善可以促进区域各生产要素双向流通，即高铁既会为中小城市带来大城市的人才、资金等生产要素，产生“扩散效应”，同样也会使这些生产要素从中小城市流出，集聚到发展环境优越的大城市，产生“虹吸效应”。在实证方面，马茹（2017）利用2007—2014年中国城市层面的数据，通过计算加权相对泰尔指数，对京津冀、长三角和珠三角三大城市群的创新非均衡特征进行了对比分析。结果显示：中国城市群创新活动存在地区差异，且主要体现在创新人力资本和以专利申请量表征的创新产出方面；京津冀城市群内部的创新差异较长三角城市群和珠三角城市群更为明显，且近年来其创新产出极化现象持续加剧；长三角城市群和珠三角城市群的研发经费投入差异和创新产出差异明显缩小；中心城市的“虹吸效应”导致的创新人才的区域差距是三大城市群亟待解决的共同难题。

（三）成都市的“虹吸效应”研究

作为中心城市的成都，其经济集聚水平相对较高，相当于七个潜在经济副中心经济集聚度的总和。贺嘉（2012）通过数据分析得出，由于成都平原经济区地理位置优越，经济发展水平较高，相较于其他地区易产生“虹吸效应”，长远看不利于四川省经济协调发展。赵全科（2017）对四川省县域经济发展的时空分异研究表明，四川省县域经济差异总体稳定，少数发达地区和落后地区县域经济波动较大，经济类型转变不显著，相对发达地区对周围地区具有“虹吸效应”；县域经济差异先扩大后缩小；县域经济类型结构由橄榄型逐步转变为金字塔型，后又变为橄榄型。空间上呈中间高、四周低的格局且空间集聚显著，高值集聚县域数量与分布较为稳定；除成都、德阳和绵阳市辖区发展较快外，少数县域经济发展水平有所提升，灾后重建一定程度上推动了均衡发展，但成都“一核独大”的状况未发生根本性变化。李建华等（2016）采用1978—2014年29个直辖市和省会城市的服务业分行业的数据对模型进行实证，分析服务业结构对我国城市出现的“虹吸”现象的影响。结果表明，成都出现了显著的“虹吸”现象，同时不可标准化服务业带来的“虹吸效应”要大于可标准化服务业带来的“虹吸效应”。谢利萍（2015）研究认为，郫县（今郫都区）尽管作为“中国农家乐发源地”，但是在旅游资源丰富的四川省，其乡村旅游影响力非常微弱，不仅没能发挥好成都西门口的近郊优势，反而在成都市强力的“虹吸效应”下被“边缘化”，基本处于成都近郊观光游的尴尬状况。

（四）人才的“虹吸效应”研究

杨洋（2006）研究认为，河北省承德市与北京、天津毗邻，但无论是就其城市经济发展水平而言还是就其职工收入水平和生活、工作条件而言都与北京、天津有巨大差距，属弱势地区，北京、天津这些中心城市对承德市人才显现出强大的“虹吸效应”。刘萍（2019）认为在京津冀一体化协同发展的过程中，河北省一直充当着资源输送方的角色，特别是人力资源的输送。北京的快速发展对周边地区人才产生强大的“虹吸效应”，津冀特别是河北省内三四线城市的高端人才不断外流，从而导致京津冀协同发展中出现了不平衡的现象，中小民营企业更是人才缺乏的重灾区。郭险峰（2019）和谢代旭（2019）都认为乡村振兴的关键在于人才，人才是相关政策和体系的保障。然而就现阶段我国经济社会发展现状而言，经济体系建设背景下，乡村振兴人才建设面临机遇，也存在巨大挑战。由于农村和城市间的经济水平存在显著差异，城市的竞争力更大，“人才流失”问题极为严重，从而产生对农村人才的“虹吸效应”，农村产业则难以承载村民在此长期生存和发展的“挤出效应”等①。郭国仕（2013）认为在城镇化发展过程中，城乡不平衡带来的最直接影响就是农村空心化，而二者间技术资源、资本资源等各项要素配置不均是农村空心化形成的主要原因，同时，城市由于其明显优势会对农村人口形成明显的“虹吸效应”，加剧了农村空心化问题。梁向东（2019）同样认为城乡之间在许多方面的差异极为明显，例如经济发展水平、基础设施建设等。由于城市对于高素质人才更加具有吸引力，会造成农村劳动力大量流向城市，同时也会将农村地区

① 郭险峰. 构建推动乡村人才振兴的综合机制［J］. 中国党政干部论坛，2019（4）：74-76.

的技术、资金等要素带走，从而进一步削弱农村产业的发展基础和动力①。

三、基层专业技术人才协调政策的意义

从如上已有的研究分析来看，区域增长极的大城市会通过“外溢效应”辐射带动周边地区的发展，主要通过产业转移、资源要素扩散等方式。比如，上海市的发展带动了周边地区呈梯度良性发展状态，区域内协调、协同发展。但是，在建立区域增长极的过程中，需要各类生产要素的快速集聚，包括人才、物质资源、产业等来支撑增长极内的产业结构优化升级和经济总量上升等。这会对周边区域产生“虹吸效应”，一定程度上抑制了周边区域经济发展。在四川经济建设过程中，成都一直被定位为四川经济增长极，目前，成都经济总量占全省三分之一以上，四川区域内出现了发展不协调问题，需要相应的政策措施，来加快四川其他周边地区、民族地区、欠发展农村地区的经济发展。人才是经济建设的重要支撑，无论企业、产业、园区的发展都需要人才不断地输入，才能有效带动经济发展。对于农村地区以及民族地区来说，专业技术人才是推动当地经济发展的核心原动力，无论是地方产业发展，还是引进企业都需要专业技术人才作为支撑。

针对目前的经济情况，政府已制定相关政策。党的十九大指出，要鼓励引导人才向边远贫困地区、边疆民族地区、革命老区和基层一线流动。为深入贯彻落实中央、省委决策部署，增强基层一线特别是贫困地区内生动力和可持续发展能力，四川省通过实施特殊人才“引育用留”政策，鼓励引导各类人才向艰苦边远地区、民族地区、贫困地区、革命老区和基层一线流动，着力造就一支规模宏大、留得住能战斗带不走的基层人才队伍，更好地服务脱贫攻坚和乡村振兴，促进四川区域内协调发展。

但是，在区域增长极对周边经济要素存在“虹吸效应”的状况之下，城市“抢人大战”对乡村人才“虹吸效应”严重，专业技术人才的缺失使农村产业将无法获得健康快速发展。而人才选择“跳农门”的主要原因是基于地理条件、发展前景、收入水平等方面的考虑。不仅要制定相关政策引导更多人才向艰苦边远贫困地区流动，更应该站在区域协调发展的战略地位，根据当地经济发展特色及需求来统一协调专业技术人才的流向，而不是地方各自为营，为发展自己地区而不断从周边地区“吸血”。只有这样才能促进四川区域内经济健康发展、协调发展。

---

① 梁向东，阳柳．服务业商业模式创新与城乡均衡发展［J］．江汉论坛，2019（10）：47-53．

第三章　四川省基层专业技术人才队伍建设现状

随着知识经济的发展，各地区之间的发展竞争逐渐体现为人才方面的竞争，四川省作为人口大省，其区域经济的协调发展离不开人口政策的支持。四川省人民政府在国家相关政策的指导下，从顶层设计上加强了对人才工作的重视，出台了一系列相关人才培养与发展政策，并在此相关政策下制定了基层专业技术人员的发展政策，在不断促进区域经济协调发展的经济环境下，各方面的人才建设都取得了优异的成果。

第一节　四川省人才发展政策

人才是创新驱动发展战略的核心要素。人才政策为发挥人才“第一资源”提供了支撑和保障[①]。高层次人才引进政策体现着各级政府人才工作的重心，在政策体系中具有引领性和示范性。为了贯彻落实人才强国战略，努力实现人才资源向人才资本转变，四川省委、省政府及所属职能部门近年来制定下发了若干人才政策措施[②]（见表3-1）。

---

① 刘晓光，黄愜. 我国东西部高层次人才引进政策文本比较：以四川省和江苏省为例［J］. 科技管理研究，2018，38（24）：51-56.

② 张白鸽. 四川实施人才政策措施的思考［J］. 经济体制改革，2006（6）：175-177.

表 3-1　2014—2019 年四川省人才发展政策

年份	政策	内容
2004	“双五工程”	以人才资源能力建设为重点，抓好党政人才、企业经营管理人才、专业技术人才、技能人才和农村实用人才“五支人才队伍建设”；抓好盘活存量人才、开发实用人才、造就拔尖人才、引进急需人才、激活各类人才“五个关键环节”①
2007	“天府英才”工程	在国家高度重视人才培养的发展背景下，加快培养造就一批在关键领域中有较强自主创新能力的领军人才和各类专门技术人才群体，加大博士后工作站建设的力度；巩固和完善留学人才来川工作的政策措施
2009	《引进海外高层次“百人计划”实施办法》 《“百人计划”引进人才享受特定生活及工作待遇的若干政策规定》 《人才工作领导小组关于实施海外高层次人才引进计划的意见》 《海外高层次人才引进工作小组关于加快推进“百人计划”的实施意见》	打破人才流动的地域、所有制以及身份的限制，进一步拓宽和畅通人才来川的“绿色通道”；大力推行知识、技术、管理等生产要素按贡献参与分配，建立特殊技术人才津贴制度；探索建立人才资本产权制度，对做出突出贡献的专业技术人才、技能型人才等实行股权、期权激励；积极推进人才评价社会化，加大党委政府表彰力度
2010	四川省中长期人才发展规划纲要（2010—2020 年）	提出了二十四字指导思想，即“着力服务发展、坚持人才优先、注重以用为本、突出高端引领”，其中也为四川省在 2020 年年末的人才发展目标进行了定位，就是要建成西部地区的一个人才高地
2011	《关于加快引进培养高层次领军型人才的实施意见》	拓展实施海外高层次人才引进“百人计划”，提出在“十二五”期间，以战略型科学家、创新型科技人才和创业型企业家为重点，面向海内外引进高层次领军型人才及团队，并从政府资助、创业扶持、创新支持、生活待遇等方面提出了 18 条优惠政策，激励高层次领军型人才创新创业

① 沈人信. 深入实施人才强省战略 以人才大开发支撑经济社会大发展：四川省 2003 年以来人才工作综述［J］. 现代人才，2010（3）：12-17.

表3-1(续)

年份	政策	内容
2014	《四川省人民政府办公厅关于加大力度促进高校毕业生就业创业的意见》	将高校毕业生就业创业工作作为工作重点，保持了高校毕业生就业局势总体稳定。为深入贯彻党中央、国务院和省委、省政府有关促进高校毕业生就业创业工作的决策部署，进一步落实以创新带动创业、以创业带动就业，促进高校毕业生创业比例和就业质量不断提高
2017	《关于实施深度贫困县人才振兴工程的意见》	力争打造一支规模宏大、留得住能战斗带不走的人才队伍，确保深度贫困县与全国全省同步建成小康社会。根据规划目标，到2018年，全省深度贫困县各类基层单位补足空岗，基本实现满编运行；到2020年，基本实现乡村实用人才充足、专业人才门类齐全、重点领域人才结构合理，人才引不进、留不住的问题得到根本改善，全域人才数量和质量大幅提升；到2025年，建立一支数量充足、结构合理、基本适应深度贫困地区经济社会发展需要的人才队伍①
2018	1.《关于大力引进海外人才、加快建设高端人才汇聚高地的实施意见》 2.《四川省“天府万人计划”实施办法》	积极鼓励人才引进和人才发展。聚天下英才而用之，广纳英才，助川发展。力争通过5年省级专家数量达两千人，并着力引进海外人才。将以四川省发展急需紧缺的高层次留学人员、华人华侨专业人才和外国专家为重点
2019	《加快推进成都平原经济区人才一体化发展十条措施》	强调要不断提升人才政策竞争力、人才对外开放度、人才发展协同性和人才工作贡献率，加快建设西部创新人才高地。探索以人力资源协同发展促进区域协调发展新模式
	发布引进人才需求目录	开展赴外招才引智活动，服务“四向拓展、全域开放”战略部署

第二节　人才政策实施效果

改革开放以来，四川省始终坚持党管人才的原则，把人才作为创新驱动发展的第一资源，作为推动产业转型升级的核心力量，作为经济社会发展的基础

① 余娜.“五大工程”推动深度贫困县人才振兴［J］. 四川党的建设，2019（6）：22-23.

性、战略性、先导性支持，以敢为天下先的气度不断推进人事人才体制机制改革和政策创新，实现人才事业发展与经济社会发展深度融合，全省人才人事工作硕果累累。

截至2018年年底，全省专业技术人员344万人，其中具有高级职称的有40万人；技能人才790万人，其中高技能人才149万人。

围绕全省重大发展战略谋篇布局，创新完善体制机制，开辟人才发展的“快车道”。破除人才发展体制机制障碍，全面推进事业单位人事制度改革，积极探索完善事业单位收入分配制度政策，大胆创新高层次人才薪酬激励，着力加强基层人才待遇保障；向用人主体放权，为人才松绑，向改革要红利，向政策要效益，开辟人才发展的“快车道”，让人才创新创造活力充分迸发。先后出台四川省专业技术人才队伍、技能人才队伍建设各阶段中长期规划、五年规划，对各阶段加快建设专业技术人才队伍和技能人才队伍做出顶层设计和总体部署，以规划引领改革。尤其是“十三五”以来，紧扣治蜀兴川方略谋篇布局，服务创新驱动发展聚才用才，改革体制机制用才励才，确立了“十三五”期间专业技术人才和技能人才重点实施的11大人才工程和12大体制机制改革创新任务面。放权松绑，不断出台深化职称改革的实施意见、人才分类评价的实施意见、省扩大高等学校科研院所医疗卫生机构人事自主权十条政策等若干专项或综合性人事人才政策文件，积极探索下放公开招聘权限，切实落实单位的选人自主权，累计公开招聘事业单位工作人员47.61万人。稳步推进岗位管理制度，不断建章立制、堵塞漏洞、规范管理，实现了岗位管理制度由全面“入轨”向规范运行良性推进。随着与之呼应的着眼破除人才发展束缚、激发人才活力的人才政策及配套办法等相继印发，一个更加灵活、更加开放、更加有效、更具四川特点的人才发展体制机制初步形成。

聚焦“高精尖缺”，加大人才培养开发力度，垒砌人才队伍的“金字塔”。四川省牢固树立人才资源是第一资源的理念，坚持把“两高”人才作为人才队伍建设的战略抓手，全力引才、育才和用才，人才队伍的“金字塔”已初具规模，重点人才工程品牌效应显现。“十三五”以来人才队伍以每年10%以上的速度递增。在川两院院士现有59人，全国杰出专业技术人才6名，百千万人才工程国家级人选136名，享受政府特殊津贴人员5 000余名（其中四川省推荐3 023人），省学术技术带头人2 902名，省有突出贡献优秀专家2 650名，省学术技术带头人后备人选5 436名。全省建立博士后科研流动站98个，科研工作站82个，创新实践基地206个，累计招收博士后研究人员5 500余人，现有在站博士后2 400余人，设站规模和在站总人数均居全国前列。

深入实施高技能人才振兴计划，加强急需紧缺技能人才培养，围绕培养造就支撑“四川制造”和“四川创造”的高素质产业大军，集中打造和树立“四川技能大赛”品牌。截至目前全省拥有中华技能大奖获得者 11 人、全国技术能手 262 人、四川省技术能手 415 人。在近三届世界技能大赛取得 3 金 2 银3 优胜的佳绩，为中国实现世界技能大赛金牌零的突破做出了贡献。

以“四化”建设为契机，系牢联系人才的“红色纽带”，全力打造吸附人才 的“新磁场”。紧紧围绕建设全国最优越的人才环境，不断完善服务体系，提升服务水平，营造人才发展的良好生态，打造吸附人才的“新磁场”。以人社公共服务“四化建设”为契机，结合“互联网+人社”专项行动计划，坚持“服务人才就是服务发展”的理念，加快推进四川省人才信息化服务系统建设，着力打造公共服务平台体系，建立专家服务基地 46 个、继续教育基地 143 个、高技能人才培训基地 77 个、技能大师工作室 78 个。

第三节　四川省专业技术人才政策

好的人才政策不仅能促进人才健康快速地成长，还能最大限度地发挥其作用。因此，完善的政策是有效实施措施的重要前提条件。四川省无论是在创新创业还是在人才激励和创新投入上都制定了相应的政策。四川省政府于 2015 年 5 月发布了《关于全面推进大众创业、万众创新的意见》，主动适应经济发展新常态，构建创新创业生态体系，促进全省经济平稳健康发展。为加强产学研究的力度，鼓励以企业为主体，与高校科技人才的研发团队开展广泛的合作，并出台《关于促进专业技术人才智力转化的若干规定》等文件，鼓励科技人才创办经济实体，降低创业“准入门槛”。在创新人才投入政策方面，为了更好地吸引人才、留住人才，于 2009 年制定了《四川省“百人计划”引进人才享受特定生活及工作待遇的若干政策规定》，提高海外高层次人才在生活、学习、工作各个方面的待遇。

为加强人才兴国战略的实施，四川省政府于 2010 年发布《四川省中长期人才发展规划纲要（2010—2020 年）》，这是四川省首次为更好地推进专业技术人才工作发展需要发布的关于人才建设的中长期人才规划，以指导全省在中长期时间内如何更好地开展人才队伍建设工作。这一纲领文件与国家的人才规划相对接，符合四川的实际发展情况，并提出了二十四字指导思想，即“着力服务发展、坚持人才优先、注重以用为本、突出高端引领”，并为四川省在

2020 年的人才队伍建设指明了方向，就是要建成西部地区的一个人才高地。

2011 年，四川省委组织部、省人力资源和社会保障厅印发的《四川省专业技术人才队伍建设中长期规划（2011—2020 年）》，清晰地描绘了未来 10 年四川省专业技术人才队伍发展的蓝图，对于加快推进四川省“稳定增势、高位求进、加快发展”战略和“两化互动”“三化联动”具有极其重要的意义[①]。立足省情，始终把建设西部经济发展高地、西部人才高地作为专业技术人才队伍建设的出发点和落脚点，强调以“服务发展、以用为本”为主线，以“突出高端人才，力求重点突破”为战略重点，遵循了“引导人才合理布局，促进均衡发展”的发展路径，在指导思想、主要目标、主要任务、重大工程、制度和政策创新等一系列重要环节的设计上，坚持了“可操作性”的基本导向，突出针对性、前瞻性、指导性、合理性等特点。结合实际，既注重与国家《人才队伍建设中长期规划（2010—2020 年）》、国家《专业技术人才队伍建设中长期规划（2010—2020 年）》进行高效衔接，进一步细化相关规划中关于专业技术人才队伍建设的指导思想、目标任务，重点举措等，同时，也注重结合四川省专业技术人才队伍建设特点，在《四川省中长期人才发展规划纲要（2010—2020 年）》总体要求下，与四川《国民经济和社会发展第十二个五年规划纲要》及人事系统、教育、科技等重点领域的专项规划进行密切衔接，形成上下衔接、左右贯通、整体联动、相互支撑的规划实施格局。2016 年四川省统计局发布了《四川统计“十三五”人才发展规划（2016—2020）》，规划到 2020 年，基本形成一套适应统计事业改革发展、符合人才成长规律、覆盖全省统计系统的人才考核管理和培养使用新格局新机制，基本建成一支素质优良、作风扎实、结构优化、布局合理的统计人才队伍。

2017 年，四川省政府出台了《关于加强基层专业技术人才队伍建设的实施意见》，共 18 条政策，对全省乡镇、贫困县（市、区）、民族地区专业技术人才的招聘配备、培养使用、流动管理等方面提出了一系列优惠政策措施，着力解决基层人才匮乏难题，确保各类人才招得来、留得住、干得好，激发基层专业技术人才活力。

2019 年 4 月召开的全国专业技术人才专题研讨会指出，要准确把握专业技术人才工作面临的新形势新要求新机遇，进一步提高政治站位，把专业技术

---

① 沈人信. 四川省专业技术人才队伍建设中长期规划（2011—2020 年）发布 [J]. 现代人才，2012（1）：16-19.

人才工作放到党和国家工作大局中把方向、谋思路、定政策、促改革，聚焦提高核心技术创新能力，为党和国家培养集聚更多优秀人才。要深刻把握创新驱动发展带来的新机遇，进一步强化责任担当，在培养集聚创新人才上下功夫，在改革人才体制机制上攻坚克难，在优化人才发展环境上集中发力，为全面建成小康社会提供人才智力支撑。同时会议还强调，要结合四川省区域经济发展不协调情况，充分发挥基层一线人才助力脱贫攻坚的作用，以提升能力素质、待遇保障和发展空间为重点，聚焦“三区三州”等深度贫困地区，加大职称等政策倾斜力度，稳定贫困地区人才队伍。广泛动员组织各类专家深入脱贫攻坚主战场，引导支持各类人才向贫困地区流动，充分发挥各类专家人才的智力优势、技术优势、信息优势，助力贫困地区、贫困群众脱贫致富。

四川省政府具有创新创业和知识变革的强大执行力。在产学研智力转化和创新创业方面，四川省建成了多个创新联盟，明显提升了科研院校的合作创新能力。四川省还启动实施大学生和科技人才的创业扶持计划，每年投入巨额专项资金，鼓励建成研发团队，对大学生创业进行大力扶持。同时还高度重视人才的智力转化、全民创新创业和创新人才投入等方面的人才制度改革，同时也提出了《关于做好全省创新创业服务体系建设工作的指导意见》等文件以支持四川省颁布的各项人才政策。从人才的扶持性政策到人才的保障性政策再到人才的激励体系，随着政策的颁布，可有效挽留人才、吸引人才，进而防止人才流失，对人才起到激励作用。

第四节　基层专业技术人才队伍建设现状

一、专业技术人才队伍情况

中央及四川省委、省政府于2010年陆续召开了人才工作会议，颁布了重要人才政策，启动了主要人才项目，尽管四川省专业技术人才队伍建设虽取得了明显成效，但仍与我国发达地区有较大差距。中共四川省委九届四次全会做出了深入实施人才强省的总体布局。2008年举行的四川省科技奖励大会经明确提出要将四川努力打造成为一个西部人才聚集的高地。截至2016年年底，四川省专业技术人才总量达304.48万人，比2012年增加71.58万人，增幅30.7%，高级、中级和初级专业技术人才的比例为11∶36∶53。其中，乡镇事业单位专业技术人才44.64万人，占14.66%。全省技能人才达到680万人，比2012年增加130万人，增幅23.6%。其中，高技能人才110万人。据不完全统计，88 个贫困县县乡两级事业单位空编数超过 9 万个，空编率达 17%。

四川省专业技术人才队伍建设成果显著。一是队伍在建设上取得了明显的成果，不断扩大了规模。到了 2010 年年末，全省的专业技术人才数量已经达到 239.1 万人，约占全部从业人员的 5%，在全国名列第九，引领整个西部地区，且结构不断优化，队伍愈发年轻，支柱与新兴产业人才数量稳步增长，企业科技人才数量大增，专业技术人才对促进四川省的经济社会发展及社会进步的贡献明显提高。二是不断加大对人才的开发投入力度。最近几年，四川省的经济发展增速较快，各个政府部门开始设立一定的专项经费来建设专业技术人才，并不断加大投入，企业等非公立性质组织对人才的投入也明显提高。专业技术人才在工作、生活等方面的条件改善也很显著。三是获得了更加广阔的事业发展平台。其产业体系越来越健全，发展的层次也越来越鲜明，发展的重点越发突出，门类更加齐全，为专业技术人才提供了更多的机会和更加广阔的发展平台。四是服务水平不断提高，管理能力也不断升级。随着管理部门的服务意识不断增强，人才服务机构迅速发展，人才的保障制度不断优化，人事代理、信息发布等服务范畴不断拓展，可为人才提供更加优质、高效的服务，让人才的工作与生活变得更加便利。

整个四川省目前的专业技术人才队伍建设虽说取得了较大的进步，但是与国内发达地区相比仍有较大差距。第一，全省的人才结构还不够合理，缺乏相关的高层次人才，尤其是一些重点领域的重点产业在高层次、创新性人才方面还比较欠缺。第二，人才的分布很不均匀。人才普遍集中于一些实力强劲的军工企业以及央企中，而地方性企业，尤其是中小型企业严重缺乏。第三，人才在市场化开发的程度还很低，能够有效发挥作用的人才比例低，人才资源浪费大。四是创新创造环境仍需改善。

二、与其他省份对比分析

在中央制定了《专业技术人才队伍建设中长期规划（2010—2020 年）》后，各省各地区纷纷根据各自的人才发展现状研究出台了各自的专业技术人才培养计划。比方说，广东省颁布了《广东省专业技术人才队伍建设中长期规划（2011—2020 年）》，河南省也出台了《河南省专业技术队伍建设中长期规划（2010—2020 年）》，我们对这两份规划文件以及四川省的文件进行了重点对比研究[1]，首先从三个省份的基础数据来看：

（1）四川省总共拥有239.1万人的专业技术人才，高级职称总数为14.6万人，拥有58名院士、9 000多名部省级专家。目前比较明显的人才问题集中在以下方面：第一，全省的人才结构还不够合理，缺乏相关的高层次人才，尤其是一些重点领域的重点产业在高层次、创新性人才方面还比较欠缺。第二，人才的分布很不均匀。人才普遍集中于一些实力强劲的军工企业以及央企中，而地方性企业，尤其是中小型企业严重缺乏。第三，人才在市场化开发的程度还很低，能够有效发挥作用的人才比例低，人才资源浪费大。

（2）截至2010年年末，河南省总共拥有的专业技术人才数量为262万人，其中，公有经济专业技术人才大约有139.16万人，所占人才总量的比例是53.11%，高级职称人数12.58万人，院士19人，各部省级专家4 975人。存在的问题表现在：专业技术人才总体不足，整体素质需要进一步提高；缺少高层次领军人才以及创新性的人才，而一些基础性的基层一线技术人才也同样存在缺失状况，人才竞争力弱；结构性矛盾较为突出，布局不合理；仍有较多体制机制障碍阻碍专业技术人才的发展，人才环境需要进一步完善；人才资源开发投入不足，缺乏有力的激励引导等。

（3）广东省共拥有420万名专业技术人才，其中，公有经济专业技术人才146.3万名，占全省专业技术人才总数的34.83%，高级职称人数18万人，院士99人，各部省级专家5 972人。存在的人才问题主要为：总体上人才数量不足，尚未建立起完善的人才机制，在人才投入方面也还很欠缺，人才吸引力有所减弱、人才引领产业发展作用不够强、人才发展环境不够优等。

从上面数据对比分析来看，四川省有常住人口8 140.2万人，河南省有常住人口9 532.42万人，广东省有常住人口10 724万人，广东人口最多，四川人口最少。广东省的专业技术人才总数远远超过四川和河南两省，且在公有经济企事业单位工作的专业技术人才比例最低，四川最高，河南居中，可以看出四川省专业技术人才的市场化程度最低，广东省的人才市场化程度已经相对比较成熟。从院士人数及国家、省部级人才数量来看，四川省的人才数量还是有一定优势的，河南省缺口较大。从人才总数来看，三个省份都比较不足，可见人才总体不足是我国发展遇到的共同问题。

其次从目标任务方面来看，从数据上可以看出，2015—2020年，专业技

① 唐小青. 四川省专业技术人才队伍建设中长期规划（2011—2020年）的政策研究［D］. 成都：电子科技大学，2018.

术人才目标总数增幅最大的是广东省，五年目标增加150名专业技术人才，而2010—2015年的目标增加专业技术人才总数为130人；其次是河南省，2015—2020年，专业技术人才目标总数增加了90人，2009年年底至2015年的目标增加专业技术人才总数98人；增幅目标最小的是四川省，2015—2020年，专业技术人才目标总数增加了68人，2009年年底至2015年的目标增加专业技术人才总数为59.9人，可见广东省对各种人才需求量最大，四川需求量最小。从每万名劳动力中研发人员数R&D可以看出，广东省的研发人员基础是最多的，2015—2020年，R&D仅增加了3，可见广东省在高新科技产业中发展相对成熟，人员相对饱和；四川省和河南省R&D目标在2015年是一致的，但在2020年的目标中，四川省设定的目标比河南省多3，可见四川省对高新科技研发更为重视。从高、中、初级专业技术人员比例可以看出，三个省份在2015年设定的目标比例是一致的，而在2020年的目标中，广东省提高了高、中级职称的比例，减少了初级职称人才的比例。可见广东省在原有较好的人才基础上希望进一步改进人才结构，希望拥有更多的中高端人才资源。河南省和四川省相比，高级职称比例一致，中级职称目标要多于四川省，可见河南省希望拥有更多的中间人才。从科技进步贡献率来看，广东省和四川省都分别在各自的目标中有提及，而河南省没有提及，可见广东省与四川省更加重视科技贡献，从比例来讲，广东省的优势依然明显（见表3-2）。

表3-2　三省对比分析表

省份	2015年				2020年（目标）			
	专业技术人才总数省份万人	R&D（每万人劳动力中研发人员数）	高、中、初级专业技术人员比例	科技进步贡献率/%	专业技术人才总数单位/万人	R&D（每万人劳动力中研发人员数）	高、中、初级专业技术人员比例	科技进步贡献率/%
四川	299	30	10：38：52	50	367	43	10：38：52	55
河南	360	30	11：38：52	—	450	40	10：40：50	—
广东	550	43	12：38：52	58	700	46	12：42：46	60

第四章 协调发展观下的四川省专业技术人才建设问题

四川省正处于由要素驱动为主向创新驱动为主转变的关键阶段，但人才资本水平低，已成为四川经济增长的“短板”。随着国际国内新一轮高层次科技人才竞争的加剧以及“区域经济协调发展”“一带一路”“长江经济带”“国家全面创新改革试验区域”等一系列国家战略和政策的实施，四川不断实现创新驱动战略的推进，四川人才发展进入新的历史性机遇期，也面临严峻的挑战，根据多年来四川人才政策实施的效果来看，总的情况是很好的，但也存在严重的不足，例如专业技术人才的数量和质量都难以适应现实要求①。因此，完善四川人才相关政策，不仅是落实区域经济协调发展战略部署的需要，也是四川省转变发展方式的内在现实需要，这些困难如果不加以解决，势必影响四川经济的发展。

第一节 四川省专业技术人才整体情况

一、从四川整体情况看

近年来，四川省全面推进各类人才工程，川内科技人才的数量持续增加，总数超过了 33.3 万人。科技人才的数量分布主要以企业为主，2014 年企业科技人才总数为 21.7 万人，占科技人才总量的 65.2%，成为四川省科技活动的重要力量；高校科技人才总数为 6.0 万人，与企业相比差距较大，占比为 18.0%；在科研院所中进行科技活动的人员为 4.3 万人，占比为 12.9%；分布在其他地方的科技人才为 1.3 万人，仅占总数的 3.9%（见图 4-1、表 4-1）。

① 蒋南平，黄方正. 四川省人才政策及人才队伍建设的思考 [J]. 成都行政学院学报（哲学社会科学），2005，14（6）：30-31.

青年科技人才队伍逐步壮大。一大批优秀青年科技人才在专业技术岗位上发挥着不可替代的作用，在各行业的科研工作上取得了丰硕的成果。目前，青年科技人员在一些单位科研工作中发挥的作用已达到75%～80%，有的青年学术骨干甚至承担了单位90%以上的国家级、省部级科研课题。青年科技骨干在各自的岗位上辛勤工作，积极解决经济建设和社会发展中的关键技术难题，产生了显著的经济效益和社会效益。

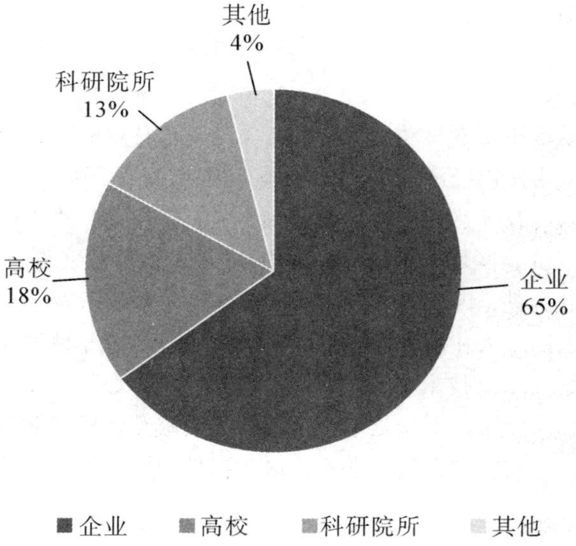

图4-1 2014年四川科技人才占比情况

数据来源：四川省科技统计中心。

表4-1 科技人才数量在“十二五”期间分布情况 单位/万人

年份	2010	2011	2012	2013	2014
研究院	3.64	3.77	3.81	4.26	4.3
各大高校	5.18	5.45	5.61	5.81	6.0
各类企业	17.62	17.94	20.18	20.85	21.7
其他	1.16	1.34	1.43	1.16	1.3
合计	27.61	28.50	31.04	32.08	33.3

数据来源：四川省科技统计中心。

二、从行业分布来看

人才队伍门类齐全，但行业分布不够合理，专业技术人才队伍与经济建设需求不相适应。四川是农业大省，全省地方单位 124 万名专业技术人员中从事农、林、水利等技术领域的专业技术人员仅 8.6 万人，与农业大省地位很不相符。全省大中型工业企业从事技术开发的人员仅占职工人数的 6.1%，远不能适应企业技术开发和生产对人才的需求。在地方国有企事业单位中，专业技术人员结构和行业分布不合理，工程技术人员占 14.08%，农业技术人员占 3.26%，卫生技术人员占 12.58%，科研人员占 0.42%，教学人员占 51.22%，教师和卫生技术人员占全省专业技术人员近 2/3 的比重。全省经济领域所急需的专业技术人员严重不足，全省六大支柱产业中，目前仅有专业技术人才 33.5 万人，只占全省人才总量的 14.3%。其中电子产业技术人才比较稀缺①。

三、从成都市情况看

党的十八大以来，成都以“推进人才工作格局性转变”为建设目标，通过“人才是第一资源、第一要素”的理念，围绕这些主题，大力实施人才优先发展战略，在一些方面取得了巨大的发展，比如说创新人才引进政策、人才发展策略等。从大体环境看，人才工作表现出一些明显的特征：一是人才结构逐步完善。成都市的重点领域和高科技的人才快速增长，同时正在逐步优化人才结构。国家级专家达到 233 人，在全国副省级城市是排在前列的；四川省的顶级团队有 55 个，通过自主评选的顶级团队有 47 组，“蓉漂计划”人才有 463 人，二是人才总数呈现快速上升的趋势。成都市已拥有人才数量接近 460.7 万人，并以每年 12%的趋势增加，这些人才占成都常住人口的 29%。三是人才贡献越来越明显。成都市引进 463 名优秀创新人才，这些人才分布在各个新兴产业领域，诸如新能源、电子信息、医药制品等。2016 年这些人才创造的销售收入接近 1 353 亿元，税收接近 90 亿元，拥有知识产权 1 395 项，“人才红利”的计划得到充分的发挥②。

---

① 蒋南平，黄方正. 四川省人才政策及人才队伍建设的思考 [J]. 成都行政学院学报（哲学社会科学），2005，14（6）：30-31.

② 李扬，赵红光，刘英，李利军，吕晨飞. 成都市人才引进工作的探索与启示 [J]. 中国发展观察，2018（1）：59-61，64.

第二节　四川省现有专业技术人才结构现状及问题

一、专业技术人才结构现状

成都作为四川省省会，截至 2013 年年底，科技人才数量为 14.85 万人，居四川首位，占全省总量的 46.3%；位居第二的是绵阳市，其主要依托绵阳科技城和绵阳市国家级经济开发区，科技人才数量为 3.75 万人，占比为 11.7%；第三位是德阳市，德阳依托重工业的发展，如德阳东汽等大型重工业企业，其科技人才数量为 2.66 万人，占 8.3%。仅这三个城市的科技人才数量就占到了全省总量的三分之二。

四川省内科技人才分布较少的三个地区为甘孜州、阿坝州、凉山州，主要原因是这三个地区属少数民族聚居区，地理位置偏远，引才聚才能力相对较弱。

近年来，全省科技人员从事研发活动的规模不断扩大，企业创新主体地位不断增强。2014 年全省投入研发人员折合全时工作量 11.6 万/（人·年），居西部第一，其中，企业研发人员稳步增长，研发折合全时人员 6.7 万/（人·年），占全省总量的 57.8%（见表 4-2）。

表 4-2　近年 R&D 人力投入分布情况

项目	2010		2012		2014	
	数量/（人·年）	占比/%	数量/（人·年）	占比/%	数量/（人·年）	占比/%
科研院所	17 968	21.4	23 568	24.0	28 000	24.1
高等院校	14 617	17.4	14 168	14.5	16 000	13.8
企业	46 892	56.0	55 593	56.7	67 000	57.8
其他	4 323	5.2	4 681	4.8	5 000	4.3
合计	83 800	100	98 011	100	116 000	100

数据来源：四川省科技统计中心。

但是，四川省研发人员的地域分布非常不均衡。根据四川省科技统计中心的数据，省会成都 5.2 万/（人·年），占全省总量的 47.3%；绵阳 2.1 万/（人·年），占 19.5%；德阳 1.0 万/（人·年），占 8.9%。成都、德阳、绵阳三市占比超过 75%。宜宾、攀枝花、自贡、南充、乐山 5 市的研发人力超过 1.6 万/（人·年），共占全省总量的 14.9%；其余 13 个市、州的研发人力仅占全省总量的 9.4%。可见，研发人员在四川省内的区域分布是非常不均衡的。

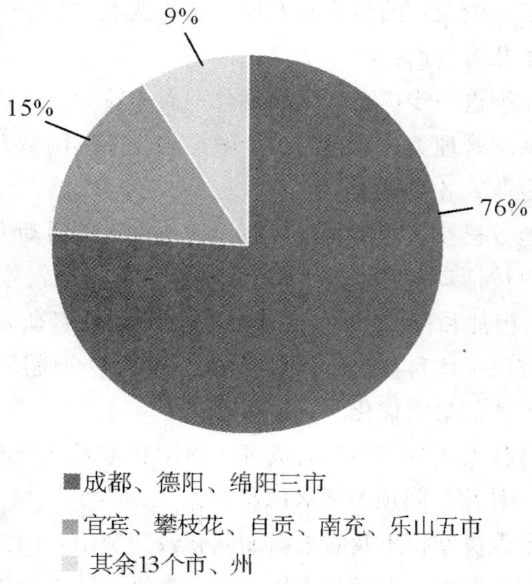

图 4-2　研发人员地域分布

数据来源：四川省科技统计中心。

二、专业技术人才结构问题

人才引进的结构问题是当前人才政策存在的最大局限性，目前仍然没有得到很好的解决。人力资本发挥的作用不仅依赖于高端人才数量的多少，而且依赖于人力资本的结构特征和资本存量的多少，最显著的影响因素为最低等级的人资的资本存量。近几年四川省相继出台了《四川省学术和技术带头人认定管理办法》《关于进一步发挥学术和技术带头人作用强化后备人选培养工作的意见》《关于进一步改善在川中国科学院院士和中国工程院院士工作和生活条件》等，可以看出四川省在人才引进方面是非常重视的。这些都是为促进四川省的高级人才的引进开发所制定的，但是四川省对一般人才的引进上缺乏重视。事实上对一般人才的引进是更加迫在眉睫的事情，因为太多的高科技人才反而会导致结构不均衡。改革开放以来中国的发展和实践表明，没有一定水平的人力资本的匹配，就算引进了有效的先进技术和人力资本，也不能使经济得以有效增长，在不同的国家，即使有同样的人力资本和技术设备，其所产生的的经济效果也是不相同的。相对于欠发达地区原有的生产力水平和产业结构来说，适用技术的选择是必要的，对于一般人才的知识储备以及素质教养方面的整体提高要比引进更多的高科技人才更有实际意义。所以，调整人才方面的结构，国家出台对于一般人才的激励和发展才是更为紧要的任务①。其存在的问题主要表现在以下几个方面：

（1）队伍素质须进一步提高。全面复合型人才较少，虽说有一定的高层次人才，但队伍中缺乏管理类、财会类、金融类的全面应用型人才，专业技术带头人数量不足，专业人才数量偏少。

（2）团队中地方科技人才不集中。四川省地方科技活动力量分散，规模较小，地方所属的科技活动中占总数的91.7%，但是科技人才仅仅占据总数的62.2%，其中，工程师和科学家占59.7%。这种现象在科研院所中体现得更明显，地方科研研究院平均科技人才只有49人，仅为中央院所的5%。可见很难形成对地方科技人才的集中优化。

（3）地域上科技人才分布不均。成都、绵阳和德阳三个市占全省科技人才总数的70%左右，甘孜、阿坝等地区的科技人员却很少②。

（4）专业技术人员知识不及时更新的问题较为突出。因为老龄化问题，在省内的科技人员的团队中，青年是主体。但是高级科技人员年龄普遍偏大。跟不上时代的进步以及知识的快速更新，年龄偏大的高级科技人员不能够及时学习，而且由于工作量繁多的问题，他们往往不能从事相对称的工作。

（5）虽然四川省委、省政府已陆续出台了一系列吸纳人才、调动人才积极性的政策，但可以看出，很多单位对人才的培养与培训更多的是以“事”为主要着重点，而并非以“人”为着重点。他们所使用的还是计划经济的旧模式，管理方法过于单一，对学习、报酬、工作三者关系的处理较为混乱，没有良好的创新源泉和内外活力；人力资源市场的匹配机制相对于其他地区较为落后，市场和人才没有良好地结合；人才的部门所有、单位所有、地区所有没有彻底打破，一系列政策没有得到很好的协调。根据这次调查研究，大部分专业性人才认为该地的人才体系政策相较前些年有一定进步，政策本身的内容是全面良好的，但是在操作性、针对性和执行性三个方面落实得不够到位。部门中论资排辈、新人被挤压的现象仍然存在。关心爱护专业人员、尊重知识、尊重人才的举措尚未落实。全省需要对人才进行一定的奖励，以便能够留住优秀人

① 伏绍宏. 论欠发达地区的人才资本积累［J］. 重庆工学院学报，2006（7）：31-34.

② 周晓云. 四川省专业技术人才队伍建设的现状与对策［D］. 成都：电子科技大学，2009.

才，对人才的引进需要有更灵活的措施。

三、人才政策与区域协调发展战略不匹配

四川省作为西部经济发展的重要省份，其经济发展存在严重的不平衡性，主要表现在各地市、州发展速度和水平的不均衡性①，导致这种不均衡性出现的很大的一个原因就是人才分布的不均衡性，各地市、州在实施人才新政、引进人才的同时，只强调人才对本地区发展的重要意义，却在整体性上忽视了四川省整体经济的协调发展。例如成都市发布《成都市人才开发指引（2019）》白皮书、《成都实施人才优先发展战略行动计划》等，绵阳市在今年陆续发布《关于加快建设西部人才强市的意见》《关于实施“科技城人才计划”的若干举措》《绵阳市人才发展专项资金管理办法》《绵阳市人才发展专项资金资助项目实施办法》四项人才政策，德阳市在2018年就启动“英才计划”向各类优质人才抛出橄榄枝。当前全省人才主要集中在成都平原地区②，占全省人才总数的38%，而作为全省资源富集的攀西地区及长江上游沿江经济带，特别是民族地区人才极为稀缺。这些平原地区城市的经济发展水平在四川省属于中上游水平，其在各类人才方面的相关政策也相当成熟，加上这些地区地理环境的优越性，使人才更加趋向于这些地区。尤其是成都市，其在产业发展以及基础配套设施方面都相对较为完善，其就业机会和就业前景更为广阔，不断吸引着周围城市人才的汇集。

但对于四川省的其他地区来说，不仅经济发展速度相对滞缓，其在人才政策方面也是极其不成熟。首先是人才的培养工作跟不上全省产业结构调整的步伐。一方面，部分专业大学生毕业就业难；另一方面，全省若干重要产业领域，特别是高新技术产业招聘不到相应专业的大学生。其次，全省各类专业技术人员的在职培训尚未实现法制化、制度化和科学化。另外，高层次人才培养和专家队伍组建程度不能适应科技竞争、人才竞争的强劲态势。相比较前者的吸引力，这种现状加快了人才流失速度，人才本土化程度越来越难。在这种人才政策的差别下，各城市之间的人才数量差距越来越大，加剧了区域经济发展的不平衡性，对促进省内各地区协调发展有一定的抑制作用。

---

① 袁天凤，邱道持. 四川省区域经济不平衡发展特征分析［J］. 资源开发与市场，2002（5）：11-14.

② 蒋南平，黄方正. 四川省人才政策及人才队伍建设的思考［J］. 成都行政学院学报（哲学社会科学），2005（6）：30-31.

四、存在问题的原因分析

四川省在专业人才队伍建设中存在科技人才相对数量较少、结构不尽合理、高层次科技人才短缺、人才资源开发利用效率不高以及创新能力偏低等问题。虽然有其客观因素，但根本原因还是在于人才观念存在误区、现有科技管理体制和教育体制不能完全适应市场经济的发展和全球人才竞争的要求。

（1）人才观念存在误区。政府部门出台了一系列人才政策，但在实际工作中仍存在一些误区，如“重引进轻自有”“重学历轻能力”“重年龄轻经验”“官重于学”“重硬件轻软件”等。观念的误区从根本上导致了科技人才队伍建设的阻滞，使许多科技人员不能充分发挥自己的作用，造成了部分人才资源的浪费，也不利于科技人才队伍的壮大和稳定。

（2）地理位置等客观因素存在局限。四川地处内陆，人口众多，经济发展、教育水平相对落后，科技人才资源相对薄弱；地方科技投入不足，科技人员待遇偏低，不利于吸引和留住人才，以致人才流动出现“逆差”。由于历史原因，四川科技人才队伍在中央部门特别是国防系统占有相当比例，这部分人才的工作任务和重点大多在国家层面，长期的条块管理体制又使军民结合的途径难以在短期内畅通起来，因此，四川省科技人才队伍规模有虚高的成分，致使创新能力评价偏低。

（3）科技人才管理体制尚不健全。由于科技人才管理不仅存在于科技部门，还涉及社会化服务体系、人事政策、财税政策等各个环节和层次，因此四川省科技事业改革难以全面同步推进，一些体制问题未能得到根本性解决，公平竞争、鼓励创新的社会环境和制度还远未形成，知识要素参与收益分配还存在障碍，市场调节机制远未发挥应有的作用。

第五章　协调发展观下的四川省专业技术人才政策创新研究

区域发展不平衡是当今世界普遍存在的问题，也是各国政府宏观调控的一个重要目标。作为发达的资本主义国家，美国、日本、新加坡在经济高速增长时期，都曾遇到过区域经济发展差距过大的问题。经过长期的探索和努力，三国都找到了解决这一问题的途径，并形成了各具特色、行之有效的政策体系。自改革开放以来，随着国民经济的快速增长，中国的地区差距也呈现出扩大态势。地区差距的扩大不但会阻碍国家整体经济实力的进一步提升，而且也会影响社会的繁荣和稳定。因而，缩小地区差距，实现区域经济协调发展，已成为中国政府谋求解决的重大历史性课题。当前中国正在实施的区域协调发展战略正是实现这一宏伟目标的根本性战略举措①。美国、日本、新加坡是世界上解决区域经济差距问题较为成功的国家，学习借鉴它们的成功经验，对于中国更有效地实施此区域协调发展战略，最终实现整个国家的区域协调发展有着重要的现实意义。

实践证明，开发经济发展落后地区、治理问题区域、缩小地区差距是一项长期的、复杂的艰巨任务，不可能在短时间内取得突破性进展，需要持之以恒的努力。发达国家（地区）逐渐认识到人才资源在协调发展中的重要作用。因此，发达国家均尽力融合积累的资本、技术、信息、市场的优势，连续出台一系列新的政策法规，大力加强创新人才集聚和开发，对我国各地区均衡发展有借鉴性的价值。

---

① 石凤光，李宗植. 美国、日本区域协调发展政策实践及启示 [J]. 国际问题研究，2008 (5)：28-33.

第一节 国外区域协调发展人才政策制度创新

一、美国人才战略及其政策

美国曾经是区域发展非常不平衡的国家。在20世纪30年代以前，美国的经济区域主要由北部、西部、南部构成（魏后凯，1997）。北部地区是资本主义的发源地，经济基础好，地理位置优越，自然资源丰富，经济发展迅速，逐渐形成了完善的工商业体系。第二次世界大战初期，这一地区的土地面积只占全国的15%，人口占到全国的50%，工业产值占到全国的75%（周彬，1998）。美国南部地区经济发展一直落后于北部，内战结束后，南部的政治地位渐衰，与北方的经济差距扩大，沦为美国的黑暗地带和边缘地带（赵念渝，2003）。“西进”运动前的美国西部区域辽阔、人烟稀少、交通不便、经济落后、水土流失严重、自然灾害频发，在相当长的时期内是美国经济发展最落后的地区。区域发展不平衡不仅影响了美国资本市场的培育，制约了整体经济的发展，而且激化了种族矛盾，加剧了社会的不稳定。为缩小区域差异，美国政府采取了各种政策措施对不发达地区予以扶持和援助①。

美国在健全法律制度、完善基础设施、以军工投入和军工布点加强落后地区产业经济等相关政策的基础上，提出相对应的人才培养政策（刘建芳，2002）。美国政府从问题的根本出发，南部各州由地方当局出资对当地工人实行免费的技术培训，帮助当地工人提高技术水平和业务素质，吸引外来企业投资建厂（周彬，1998）。为满足一些企业的需求，南部大多数中等学校都开办了工业技术和职业教育班。职业培训的课程设置通常反映了已经在当地投资设厂的雇主和可能在当地建立企业的雇主的潜在需求。这些举措快速地提高了南部工人的技能素质。除了各类职业学校，南部各州还建立了一种更有弹性的制度以便更快地满足新建工厂的特殊需求，这项制度主张建立一个由专家负责制定课程、决定设备需要和招收培训人员的“特殊学校”一起开展培训项目（the start up program）。该项目允诺，凡是新建工厂的企业，无论新工厂提出什么样的劳工需求，政府都将确保工厂开工时能够拥有受过良好培训的、效率高的劳动力。通过这些政策，南部经济开始飞速发展，积累了丰富的人力资源，

---

① 王霞，孙中和. 美国区域协调发展实践及对我国的启示［J］. 国际贸易，2009（7）：37-40.

提高了对投资的吸引力①。

二、日本人才战略及其政策

日本也存在严重的区域发展不平衡问题，其中最为突出的是以东京为中心的三大城市经济圈和距离该经济圈较远地区即“过疏地区”之间的两极分化。前者由于自然环境与条件较好，又邻近太平洋，同外界联系方便，历史上一直是日本经济、贸易、科技、文化的发达地区。20 世纪 50 年代后期以来，随着新的产业政策的推进，大量重化工业的设备投资在环太平洋带状地区进行，东京、大阪和名古屋三大城市圈更成为全日本的政治、金融、研究开发、信息产业和生产流通管理的中枢地区。20 世纪 90 年代以来，在信息化和经济全球化的潮流中，这一地区又得到进一步发展。三大城市圈过度膨胀引发了城市“过密问题”，如地价高涨、交通堵塞、环境污染、犯罪率上升等，同时也引发了欠发达地区的“过疏问题”，即当地人口向大城市急剧流失，影响了本地社会经济的正常运行，导致经济衰退。与三大城市圈的高附加值产业相比，过疏地区的产业不仅规模小，而且缺少有竞争力的产业支撑。过疏地区与其他地区相比人均收入水平也有很大差距，直到 1994 年，岛根、高知、宫崎、鹿儿岛等地的人均收入水平也只有东京的 52%左右，最低的冲绳只相当于东京的 48%②。

在区域协调的政策制定方面，日本采取的是“政府重心”的协调模式，政府在促进区域协调发展中扮演主要角色。在关于人才政策方面日本做出了比较细致的规范。

（一）外部专家（地域力创造顾问）制度

这是日本总务省推行的一项鼓励基层自治体延揽外部专家，挖掘和提升本地独特魅力和价值的人才计划。对在一个年度内邀请外部专家到本地从事振兴工作，合计 10 天以上或邀请 5 次以上的市町村，给予特别交付税。一个市町村一年可获上限为 560 万日元的“充分利用民间专家费”，最多 3 年。1 年可获上限为 240 万日元的“先进自治体职员（组织）费”，最多也为 3 年。外部专家和先进职员（组织）的振兴工作包括地方经营改革、开发地方特色产品并使之商品化、少子化对策、引进企业、促进定居、振兴旅游业、城镇中心区再生、支持年轻人创业和就业等，几乎涵盖了所有日本基层治理面临的课题。总务省建立了外部专家数据库“地域人才网”，到 2019 年 10 月 2 日，已登录

---

① 敖荣军. 美国南部地区的边缘化及其崛起的启示 [J]. 地域研究与开发，2006，25（2）：30-34.

② 胡霞. 日本过疏地区开发方式及政策的演变 [J]. 日本学刊，2007（5）：82-95.

外部专家共344名。

群马县沼田市有一个在居民中培养企业家的“沼田创业塾”，为外部专家大山泳司所创办。近些年沼田市的企事业单位外流和人口减少严重，就业岗位大量减少。大山泳司认为，在企业持续向海外转移的背景下，把希望寄托于引进制造业很难说是可持续的地方振兴策略，倒是塑造从居民中诞生创业者的创业风土，才是搞活地方经济的本质。“沼田创业塾”就是在这种背景和思路中诞生的。这个企业家培训班特别重视三方面内容：一是特别强调对实践经验的运用，学员在讲师的细致指导下制订商务计划。二是邀请当地企业家和市长前来讲演经验、解读政策。三是专题讲座——按照课程综合讲授商务基本原理、创业前后和运营阶段的重要经验。培训班一期为半年，共进行综合、旅游、六次产业、商店经营4个课程的授业。

第一期“沼田创业塾”招收30名学员，有9人毕业后实现了创业梦想。其中有成为开设按摩店的“商店经营者”，有成为室内装饰设计咨询人的“个人事业者”，还有一位学员毕业后使自己的企业由原来仅面向农产品加工用的机械制造，向面向多行业机械制造转型，实现了“二次创业”。

（二）地方振兴企业人计划

这是一项利用大城市企业优势，引导企业履行社会责任，支援基层自治体的地方振兴的人才计划，于2015年开始实施。这项计划内容为地方基层政府在一定期限内（6个月以上，3年以内），接受来自东京、名古屋、关西三大都市圈民间企业派出的员工，充分利用他们在企业积累的人脉关系和工作经验，从事地方振兴工作。

2017年4月，长野县饭山市经济部广域观光推进室接收了一位东京旅游企业CTI株式会社派遣的地方振兴企业人。这位企业家根据北陆新干线在饭山设站、游客增加的趋势，充分利用自己的专业知识以及在开拓旅游资源、开发旅行商品及促销等方面积累的经验，以饭山站为中心推进广域旅游，开发了“保健获得型”“旅居交流型”“长期居留型”等数个旅游产品，吸引了众多旅游者，为提高新干线乘客量和地方经济活性化做出了贡献。

总务省对接收地方振兴企业人的自治体，除了给予财政支援外，还向地方自治体提供地方振兴企业人的先进事例调查信息，向地域振兴企业人提供研修机会等。对地方基层自治体来说，这无疑是个缓解人才荒的好方法。对于企业来说，也能使自己的员工得到培养，加强企业与地方的交流，同时，企业也以新的形式履行了社会责任。

由于企业人往往具有专业性强和富有市场经验等特点，上述制度自推行以来颇受地方政府欢迎，派遣人数逐年增加。据统计，2016年共有32个市町村接收了37名企业人，2017年增加到50个市町村、57名，2018年为56个市町村、70名。

三、新加坡人才战略及其政策

新加坡经过几十年的发展，从一个资源匮乏的小岛国发展成为世界富裕的25个国家之一。其成功有赖于多方面的因素，但实施正确的人才战略无疑是重要因素。尽管新加坡是一个发达国家，但从新加坡实施人才战略理念、政策措施及发展历程等方面来看，新加坡的人才战略对我国欠发达地区的人才工作仍有很大的借鉴意义和启示。

（一）人才立国的战略思想

新加坡实行的是“精英”治国战略，政府把人力资源开发作为国家经济发展战略的重要组成部分，始终如一地坚持李光耀确立的“人才立国”的战略思想，贯彻精英治国的理念。

新加坡资政李光耀经常说：新加坡没有什么，只有“头脑”。从高层到国民都非常关心和尊重人才，把人才战略上升为国家战略，并不余遗力地推行各项人才政策，每年投入大量资金作为教育经费对学生的文化知识、科技素质和道德修养进行全面培育。并不惜重金引进和培养人才，不断地根据世界变化发展的新形势和国内经济社会发展的需要加强对国民的培训。

新加坡人才观中具有强烈的危机意识和前瞻性的思想。他们认为：“人才资源可以弥补天然资源的缺乏。”因此，新加坡始终将人力资源的开发和利用作为其经济发展战略的重要内容，对人力资源进行全方位的规划，既重视精英人才，更重视技能人才和外来人才，确保大量人才可以在这个国家找到适合自己的岗位。努力建立一个具有本地特色的人才培养选拔机制，以保证最优秀的人才在政府机构掌握权力。经过近些年的培养和积累，新加坡构建了一个组织严密、制度公平、考核评估完善的科学、开放的人才战略体系，精英人才、技能人才和国外人才共同组建了新加坡的人才体系，为新加坡的飞速发展提供源源不断的人才动力。

（二）精英治国的人才战略

“精英治国”是新加坡持之以恒的理念。内阁资政李光耀说：“没有一流的人才，便没有一流的政府。”政府能否吸引、留住代表新加坡未来发展的精英，成为新加坡这个富裕小国生死攸关的大问题，因而新加坡坚定不移地实施“精英治国”战略。按照“使用最优秀的”这一理念，政府不断地从世界各地网罗人才，建立了一整套行之有效的公务员选拔、考核、评估机制，并采取各种措施来留住人才，确保有足够的精英人才，为推行“精英治国”提供人才保障。李光耀说：“治国的成功之道就是培养优秀的人才，罗致更多的人才，提高政府素养和生活素质。只有好的政府，才能将国家治理好。但是好政府的要素必须是要有好的人才才行。”

新加坡政府为了实现“精英治国”的战略，大力推行英才教育体制，从小学就开始实行精英教育。政府在大学设总经、武装、国家奖学金，获奖者由国家送入世界一流大学学习，回国后即是部长、经理、法官等的应选者。这种所谓的“直通车计划”，为精英人才的脱颖而出，并选拔优秀的人才到政府服务，提供了机制上的保障。同时，新加坡还大力争取精英人才担任公职，选拔最出色的精英人才为国效力。政府主动参与同私人企业、国外企业的人才竞争，积极向企业界、金融界、法律界“争才”，通过各种途径吸引优秀人才加入公务员队伍，培养高级管理人才，从而打造一支公正廉洁、敬业高效、富有创新意识，并与精英治国、任人唯贤的治国理念相适应的国家公务员队伍。

（三）讲求实效的培训政策

新加坡在办好教育、提高全民素质的同时，非常重视人才的培养教育，强调教育培训对人才成长的作用，并认为只有通过接受训练，才能把人们培养成为对国家和人民有用的人才。一方面，新加坡提倡终身学习，努力建立终身学习体系。重视培养自己的人才，有计划有重点地培养和造就一批善于治党治国的精英人才，以保证青年精英充实到公务员队伍。另一方面，从经济社会发展的需要与公务员的实际需求出发，抓好公务员培训工作。新加坡把公务员培训视为支撑国家有效参与国际竞争的重要手段、提高政府行政管理和公共服务能力的重要途径，从国家发展战略高度明确公务员培训的重要战略地位和作用。新加坡明确规定公务员的培训时间①、培训要求并切实保障其培训经费，规定公务员每年必须集中培训100小时以上，保证每个公务员能及时调整和更新知识结构，以开发公务员潜能，促进公务员提高对政府及公众的服务素质，增强竞争力，跟上科技发展形势，提升岗位能力，以有限的资源争取最大的工作成效。此外，还针对专业技术人员培训抓好技能培训，通过建立有效的员工培训体系，设立各种基金，推行各类培训计划，来适应经济各发展阶段的需要。

（四）极具吸引力的人才政策

李显龙总理在接受媒体采访时曾经说过，新加坡要吸引全世界的人才。新加坡政府认为人才开放政策是其在全球竞争中取得优势的一个重要因素。为吸

① 李小三．新加坡公务员培训的经验及启示［J］．江西政报，2008（11）：46-48.

引全球人才，新加坡采取“最大限度尊重知识和尊重人才”的政策，推出国际人力资源、国外人才居住、减少就业障碍、技术移民、外籍人士居留权、特殊移民等一系列计划，为外来人才提供方便，以高薪、高位和优厚条件，吸引更多的世界范围内的专业人才、研究人员、科学家以及高级技术工人到新加坡工作。一是实行高薪制，新加坡是全球公务员薪酬较高的国家之一，其高薪的最重要目的，并不是“养廉”，而是为了吸引最优秀的人才到政府任职，同时防止现有政府部门的人才流失。新加坡人力部规定，在本地申请就业准证的外国人，其月工资不得低于2 500新元，并对有才能、有贡献的人才给予重奖。二是在推行高薪金吸引人才的同时，新加坡还注重建立良好的社会福利政策和居住环境。推行公积金制度，妥善解决居民住房问题。建立健全医疗保健制度，打造 花园城市，创造世界一流的居住环境，以此来吸引来自世界各地的人才。三是为引进留住人才，制定各种优惠便利的政策。对来新加坡工作的国外人才给予政策优惠。调查表明，新加坡是外国人才最喜爱的亚洲国家。可以说，新加坡经济每前进一步都依靠外国的资本和技术。

第二节　国内发达区域协调发展人才政策制度创新

推动区域协调发展是新时代国家的重大战略之一，是贯彻新发展理念、建设现代化经济体系的重要组成部分。党的十八大以来，以习近平同志为核心的党中央把促进区域协调发展摆在更加重要的位置，提出并实施了“一带一路”倡议、京津冀协同发展、长江经济带发展、粤港澳大湾区建设、长三角一体化发展、黄河流域生态保护和高质量发展等诸多重大举措。随着这些国家举措的不断实施推进，一个要素有序自由流动、主体功能约束有效、基本公共服务均等、资源环境可承载的区域协调发展新格局正加快形成。

我国区域经济发展的现状，可谓“东部好、中西快、东北企稳”。今年以来，中国经济运行稳中有进，高质量发展取得了积极进展，这与区域经济的协调发展密不可分。然而在欠发达地区的发展过程中，不仅要依靠各发达地区的带领，同时也要形成自身的发展长效机制，而人才政策是比较核心的问题。在人才政策的制定过程中，需坚持“输血”和“造血”相结合，推动欠发达地区加快发展。建立健全长效普惠性的扶持机制和精准有效的差别化支持机制，加快补齐基础设施、公共服务、生态环境、产业发展等短板，打赢精准脱贫攻坚战，确保革命老区、民族地区、边疆地区、贫困地区与全国同步实现全面建成小康社会。

基层一线、艰苦地区和岗位人才不足一直是制约我国经济社会科学发展的重要问题，引导人才向基层一线、艰苦地区和岗位流动是我们党和国家长期以来的政策安排。

作为全国第一经济大省，广东多年来经济发展走在了全国前列。但区域城乡发展不平衡的问题依然存在，促进城乡区域协调发展一直是广东省实现全面建成小康社会目标的当务之急和重中之重。历届广东省委、省政府对此高度重视，采取了一系列强有力的政策措施，以促进城乡协调发展。以广州花都为代表，广东创造性地在基层医疗卫生机构实施“公益一类财政供给、公益二类绩效管理”的举措，从乡医编制升级，到基层医生收入明显提升，以及背后财政对于基层医疗支付的保证，可以说是对基层医疗的核心问题进行了直面回应。这一举措取得了留住基层人才、增强业务能力、提升医疗质量、赢得群众满意的成效，打造出了全国基层卫生综合改革的“广东医改经验”①。

重庆出台政策鼓励人才到基层一线工作。该政策主要在万州、黔江、武隆、开州、城口、丰都、垫江、忠县、云阳、奉节、巫山、巫溪、石柱、秀山、酉阳、彭水 16 个区、县实施。其中，硕士研究生可享受满 1 年考核确定中级职称；本科毕业生可享受满 5 年直接考核确定中级职称；专科毕业生可享受满 2 年考核确定助理级职称。该政策还明确提出，要积极引导各类人才向基层一线流动，引导和鼓励高校毕业生到基层工作，通过政府购买基层公共管理和社会服务岗位、实施学费补偿和助学贷款代偿、提供创业扶持等方式，支持高校毕业生到基层工作和创新创业。同时，还要统筹实施大学生村官、农村教师特岗计划、“三支一扶”计划、志愿者服务西部计划和农技特岗计划等基层服务项目，落实工作生活补贴、参加社会保险等待遇，采取有效措施鼓励服务期满后的高校毕业生留在基层工作。

山东省委组织部、省委编办、省人力资源和社会保障厅等 11 部门联合出台措施，推动各类人才向基层一线特别是重点扶持区域流动。根据 11 部门联合印发的《关于鼓励引导人才向基层流动的若干意见》，山东省将加大事业编制资源统筹力度，实行动态管理、调剂使用，结合事业单位改革，盘活存量编制资源；设立高层次人才编制周转专户，在安排使用上向重点扶持区域和基层一线倾斜。

① 吴江．广东基层医改蝶变的启示［N］．证券时报，2019-09-12（A03）．

第三节　对四川省人才政策创新的启示

一、实施人才战略的复杂性和艰巨性

人才战略作为一个区域关于人才资源长远发展的总体谋划，是为实现组织长远发展目标而对人才资源所建构的宏伟蓝图，是一项内容复杂，涉及环节多、时间跨度大的社会系统工程，是十分艰巨而长期的任务。新加坡的人才发展经历了20世纪六七十年代的生存、八九十年代的竞争阶段，直到现在的人才发展的超越阶段，经过了几十年漫长曲折的发展，才有了今天“百家争鸣、百花齐放”的人才局面，使新加坡成为一个精英荟萃的国家。这充分说明了人才战略的实现不是一簇而就的，而是一个发展积累的过程。经济欠发达地区要充分认识人才发展的过程和规律，针对本地区的内外条件和实际情况，制定可行的长期发展规划和中短期调整方案以及可操作的人才规划及措施，把实现人才战略的长远目标与人才规划的近期目标结合起来，长期坚持不懈地实施人才战略，为本地区的可持续发展提供素质优良、结构合理的人才资源。

二、强烈的人才危机意识和忧患意识

强烈的危机意识和忧患意识是新加坡发展的不竭动力。新加坡国土狭小，资源贫乏，建国50多年来，执政党、政府和国民对国家生存与发展始终具有危机意识和忧患意识，在成绩面前始终保持冷静和低调，不断开拓创新，努力奋斗。作为欠发达地区，要清醒地看到自己的差距和不足，尤其是在人才资源方面面临的困境，要树立和强化人才工作的忧患意识与危机意识，把危机意识化为积极的行动，充分认识肩负的历史责任，激发斗志、增强责任，积极探索实现人才发展的有效途径和方式，全力打造发展所需的人才队伍，依靠人才实现经济和社会持续、快速、健康发展。

三、统筹兼顾、重点突出的人才策略

新加坡能以惊人的速度发展，与精英治国的理念、政府的强势主导地位是分不开的，政府在经济、社会发展中扮演着“火车头”的角色。而作为政府的具体实施者——公务员，他们绝大部分都是新加坡第一流的人才，高素质的公务员队伍是使新加坡政府成为高瞻远瞩、决策科学、廉洁高效、务实透明政府的重要因素。欠发达地区要想在较短的时间内，缩小差距甚至赶上发达地

区，要根据自身实际形成正确的思路。必须在保证人才资源开发整体推进的同时，选准实施人才战略的突破口，要以关键人才发展上的突破带动人才队伍的全面发展。打造精良的公务员队伍，对地方政府改革发展具有非常重要的意义，是一个地区实现整体综合竞争能力提升的战略点，要充分认识一个地方政府和部门的重要性以及公务人员对政策执行力的关键性。立足于加强党政人才队伍建设，大力提升公务员队伍能力和水平，打造一个精明强干的公务员队伍，带领人民走上跨越发展的光明大道。

四、外地人才带动本土人才发展的思路

新加坡在大力引进高层人才的同时，通过高层人才先进的管理思想和经验来培养本土的人才，从而带动新加坡本土人才的成长。作为欠发达地区，不具备大规模地吸引外来人才的实力，要把人才工作的重点放在用好人才上，确立依托本地人才、大力引进外来人才的人才思路。要重视自己的本土人才，正确处理好引进人才与本土人才的关系，注重发挥引进人才的带动作用，重视对本土人才的培养。紧紧抓住人才的培养、挖掘、使用等关键环节，加大对人才资源的深度开发，尽快形成一支自己的人才队伍。

第四节　对四川省人才政策创新的建议

基于国内外区域协调发展人才政策制度创新的案例，我们认为，四川在人才政策创新方面要做到以下几点：

（1）更新人才观念，加强对人才工作的领导。要树立“人才是第一资源”的观念。牢固树立“人都能成才”的观念，坚持不唯学历、不唯资历、不唯身份、不唯职称，开阔视野，拓宽思路，以能力和业绩为标准，不拘一格地选人才、聚人才、用人才。制定完善人才工作规划，把人才工作纳入地区总体工作规划，明确人才工作原则、工作目标、具体措施。要加大对人才工作的支持力度，不断加大对人才工作资金的投入，从深度和广度上开发人才资源，有效盘活人才存量，加速人才增量，大幅度提高人才总量，不断提高人才整体水平。要通过舆论宣传，使“人才资源是第一资源”的观念深入人心，在全社会形成“尊重人才、尊重劳动、尊重创造、尊重知识”的良好氛围。

（2）完善用人机制，加强队伍建设。首先抓好党政领导干部队伍建设。要大刀阔斧地改革领导干部选拔任用制度，真正把德才兼备、执政为民、富有

创新精神的人才选拔上各级领导岗位，在全社会形成以发展论英雄、以创新论成败、以实绩论奖惩的用人导向，完善选人用人机制，建立开放的人才使用环境，形成能者上、庸者下，人尽其才，才尽其用的人才选用格局。要在实践中勇于探索和创新，建立和完善人才工作机制。一是要进一步完善人才分配激励机制。健全以政府奖励为导向，用人单位和社会力量奖励为主体的人才奖励体系，形成与工作业绩紧密联系、鼓励人才创新创造的分配激励机制。二是要进一步健全人才选用制度，激活人才流动机制。创新用人机制，充分发挥市场对人才的调节作用，实现人才资源市场化配置，促进人才合理流动。三是要建立人才保障机制。制定和完善人才的社会保障、医疗保险、子女入学及住房等方面的优惠政策，建立特殊津贴、专家疗养和医疗保健等制度，免去人才的后顾之忧。四是要完善人才激励机制。进一步完善分配制度，建立人才工资、奖金与经济发展、物价水平和责任、绩效相联系的动态增长机制。

（3）创新引智思维，大力引进人才。要果断地采取新的战略，实施新的政策，形成新的机制。要借鉴先进的人才理念，树立全新的人才引进观念，解决在发展中急需的各种人才问题。注重借用发达地区的先进人才，实行柔性引进，采取灵活多样的方式吸引外地人才长期工作或短期服务。利用他们来为本地的经济发展服务。一要建立起本地区外出人才数据库，加强与本地流出的人才沟通联系，鼓励和引导他们以各种方式为家乡建设发挥聪明才智。二是加强与发达地区各种人才的交流沟通。通过与高等院校科研单位攀亲结友，聘请专家、学者，定期不定期地进行科技咨询，有针对性地进行专项研究。三是通过短期租赁、定期、项目等租赁模式来为本地经济出谋划策。通过与附近欠发达地区推行地区人才工作一体化，实现人才资源的合理配置和广泛交流，变“同病相怜”为“同舟共济”。四要利用网络平台，绕开落后条件的局限性，寻找适合自己的高层次人才，充分利用发达地区高精尖人才“智源”。

（4）健全评价体系，强化人才培育，进一步完善人才评价机制。建立健全以业绩为重点，由品德、知识、能力等要素构成的各类人才评价指标体系。充分运用现代人才测评技术，有效开发人才评价方法，改革人才评价方式，提高人才评价科学水平。建立人才能力建设指标体系，坚持学习与实践相结合、培养与实用相结合，促进人才素质与能力提升，促进人才全面发展。健全政府、社会、用人单位和人才个人多元投入机制，拓展人才培训投入渠道，扩大人才培训投入规模①。建立科学规范的质量评估和监督办法，提高人才培训成

---

① 尹蔚民. 更好实施人才强国战略［J］. 求是，2008（1）：17-19.

效。建立人才培育体系，强化培训的过程控制和培训效果的评估，不断地改进培训工作。加强人才培育阵地建设，建立和完善人才继续教育机制，努力形成政府调控、市场驱动、行业指导、单位自主、个人自觉的继续教育运行机制和终身学习体系。

（5）优化人才环境，营造良好的人才工作氛围。制定和完善人才吸引政策的长效机制，坚持以人为本、鼓励和促进人才可持续发展的理念，不断推出人才政策“组合拳”，为各类人才创造适合创业创新的政策环境。一是坚持用感情留人。要真正从思想上重视人才，从感情上贴近人才。要建立地方主要领导联系优秀技术人才制度和单位领导联系技术骨干制度，了解人才的基本情况、思想状况，关心人才、生活、健康等方面的情况，主动帮助解决人才遇到的困难和问题，做到相互信任、彼此尊重。二是坚持用事业留人。对各类人才，要充分信任、放手使用，从各个方面为他们施展才能、实现抱负提供舞台。为他们营造良好的工作环境；鼓励开拓、支持创新，鼓励探索、宽容失败，为他们营造良好的学术环境；使各类人才切实感到，在当地创业有机会、干事有舞台、发展有空间。三是提高人才的政治待遇，对表现优秀、成绩突出、任劳任怨地支持当地建设的人才予以表彰奖励，大胆选拔人才到领导岗位，让他们真真正正感受到党和政府的重视和关心。

第六章　建设区域协调发展的专业技术人才长效发展机制

人才是现今社会发展和进步的重要驱动力，人才队伍的建设更是为社会主义现代化建设的必不可少的部分。专业技术人才对于民族地区的建设起关键性作用，专业技术人员的构成及发展决定了民族地区经济社会的发展。在这种情况下，专业技术人才队伍的建设就显得尤为重要。我国社会主义建设的时期不同所需要的人才也有所不同，这就需要在培养人才、重视人才队伍建设的过程中也要注重人才队伍建设的长效性，即长效机制。

第一节　发展机制论证

一、人才资本的内涵及其特质

20 世纪 60 年代提出的人力资本理论，深刻揭示了人力作为资本在科技创新、经济发展和社会进步中的重要作用，特别是人才在现代生产系统中不再只是一种生产要素，而是一种能够支配和调控其他资源，实现经济与社会协同发展的能动性资本，有着本源性作用。超越经济与社会发展的传统思维，充分发挥人才资本运用的多元化，是经济发展模式转变和社会持续发展的有效途径，也是必然的战略选择。

人才资本是经过教育、培训、保健等环节的开发而形成和凝结于人力资源个体的产生价值增值的劳动能力。人才资本是最活跃、最具有创造力、最有价值的生产要素，能以创造性劳动创造更大更多的价值，是国家、民族、组织发展的核心资本。人才资本的核心地位和价值创造性是其特质决定的：

（1）主导性。人才资本按照社会发展需要，通过聚集、控制、支配和调节，主导资源流向，使其他资源有效地配置到生产过程中，与生产要素结合起来进行生产；通过方向、力度、范围和方式，主导资源发挥，使其他资源最大限度地发挥作用，创造人类生存发展所需要的一切使用价值，不断推动经济和社会发展。

（2）创建性。人才资本引入社会建设和发展，会创建新的组织、创生新的环境、开辟新的领域，实现从无到有；会使落后的地区、组织得到改造、开发、创新，改变原来面貌，焕发出生机和活力，由落后走向繁荣；会使发展好的地区、组织得到巩固、完善、提高，有更好更大的发展。相反，即使发展好的地区和组织，如果失去了人才资本，也会由繁荣走向衰败。总之，人才资本可以改变现状，可以创造未来。

（3）激活性。作为人才资本载体的人，是有意识、有思想的，其他资本的载体是物性资源，没有意识和思想。它们只有与人才资本结合，才能成为经济运动和社会发展的效用资本，成为推动经济发展和社会进步的重要因素。因此，其他资本离开人才资本，都只能是意义性资源，不会对经济发展和社会进步产生现实作用。有了人才资本就可以将其他资源激活，由意义状态变成效用性生产资本，成为人类社会生存发展的前提。

（4）增值性。人才资本具有高级创造性劳动能力，能在相同的生产条件下创造更大的价值，产生价值倍增效应，而其他资本，只能将自身的价值转移而不会增值。社会发展要以经济增长为前提，而经济增长要以价值增值为前提。因此，人才资本越大，创造的价值越大，价值增值也越大，进而经济发展就越快，人民日益增长的物质文化需要就越能得到满足；同时人才资本越大，等量资源投入创造价值的效率就越高，可以改变经济发展模式，提高经济社会持续发展能力和水平。

（5）整合性。整合作为一种社会运行方式，其本质是将资源进行有向运动，产生高效的经济和社会发展效益。而除人才资本外，其他资源不会自动发生合乎社会需要的有向运动，都是通过整合后成为满足人类生存发展需要的物品。人才资本的整合性作用能按照经济发展和社会进步的需要，将自身与其他资源有机结合起来，使其他资源发生有向运动，既能形成推动经济和社会发展的合力，也能将阻碍经济和社会发展的不利因素剥离出去，从而保证了经济和社会的持续健康发展①。

---

① 戴武堂．人才资本作用机理及其运用［J］．湖北大学学报：哲学社会科学版，2005（5）：508-511.

二、人才留任机制分析

自我决定理论有力地阐述了环境如何对个体行为产生影响，其中个体三种基本心理需求的满意度（自主需求、胜任需求、关系需求）为本研究提供了个体与组织互动的内在动力源泉。根据自我决定理论，基本心理需求的满足程度取决于环境和自我的决定的相互作用，即个体和环境能相互影响。所以，员工的基本心理需求受到其所处环境的影响。而对于员工而言，其所处的最大环境就是企业组织。

根据理性人假设可知，增加留任者的收益是挽留人才的有效途径。随着经济社会的发展，企业员工对于“收益”的理解和预期已呈现出多元化的特征，已经不再局限于传统的“收入、福利、地位”等含义，员工对于职业或职位的选择往往更关注于获得培训、职业发展、参与机会等，以实现自我价值（贺彦纳，2017）。目前，欠发达地区的企业多数缺乏完善的激励机制，对优秀员工的激励措施往往局限在涨工资或发奖金，员工很少有脱岗培训、获得职业发展的机会，职业发展无望导致了企业人才的大量流失。因此，欠发达地区的企业必须建立多样化的激励机制，如允许员工参与激励制度的设计、帮助员工制定职业发展规划、关注员工个人能力的发展、让员工承担更多的工作责任等。完善的激励机制以及较好的发展前景可以有效避免企业人才的流失。

加强人力资源管理、防范人才流失并不局限于管理过程的某个环节，而是贯穿于整个人力资源管理过程（赵旭彪，2005）。通过持续的信息交流，管理双方可以适时地对员工的工作计划做出调整以适应企业内外部环境的变化。通过管理者与员工及时的信息沟通与交换看法，可以有效防范企业人才的流失。当前，欠发达地区的企业在人事管理上往往忽略了管理者与员工的交流，企业对员工计划的执行情况缺乏必要的协调和沟通，管理者也无从了解员工对于工作的想法，尤其是员工对工作或企业的不满。因此，欠发达地区的企业要善于利用各种信息工具和手段，加强与员工的交流，尤其是那些核心员工，准确把握其心态，及时发现其流失意向，做到“防患于未然”①。

总之，欠发达地区的企业只有从自身做起，完善人力资源管理制度，才能获得人才、留住人才，从而在激烈的市场竞争中谋求生存和发展。

---

① 程广华. 欠发达地区企业人才流失行为的博弈分析［J］. 皖西学院学报，2008，24（4）：73-75.

第二节　发展机制构建

机制指的是企业内部组织和运行变化的规律。人才工作的活力取决于机制活力，机制活满盘皆活。为了提高人才的积极性、创造性，最大限度地发挥他们的聪明才智，为企业持续稳定发展提供保证，就要遵循企业的规律和采用相关的手段建立适合企业实际的人才队伍建设的长效机制①。

一、合理的人员配置

第一，要对人力资源进行合理配置，即社会中到底需要多少人，从事什么样的岗位，都要有合理的规划和配置。第二，合理地进行资源配置，认真坚决地执行多劳多得、少劳少得、不劳不得的分配制度，只有这样的企业才能够更好地吸引人才，留住人才。

二、树立正确的人才观念

要推动企业及社会由狭隘的人才观念到全面的人才观念的转变，即注重培养多层次的全面发展的人才。受历史和当今社会现状的影响，大部分人认为人才是单纯的技术性人才。的确，社会中是有许多的行业需要单纯的技术性的人才，但是大多数的企业还是缺少多样性的人才。一些企业把自身发展的问题归结于缺少技术型的人才，其实正是这样的想法使企业看不到自身存在的基本问题，使企业难以获得长远的发展。技术型的人才固然很重要，但是一个企业中如果都是技术型的人才，而没有可以全面发展的人才，那么，这个企业的面貌就不会焕然一新。因此，树立全面的人才观才是企业吸引人才的基本前提。人才是多样性的、多层次性的，只有树立全面的人才观才可以克服狭隘的人才观的弊病。要建立起完美的人才体系，有针对性地招揽适合企业发展的人才。

三、健全和完善企业干部人事管理制度

要按照现代企业制度的要求，规范企业经营管理者的权责，完善公司领导人员的聘任制度和各类人才选用机制。选用创新人才，一定要遵循人才的成长规律、社会主义市场经济规律和人才资源利用规律，充分发挥市场对人才资源

---

① 牛胜珍．浅谈构建人才队伍建设的长效机制［J］．中国外资，2013（1）：215-215.

配置的基础性作用，积极引入竞争机制。要积极探索党管干部原则和市场化配置经营管理者相结合的有效途径，把组织考核推荐与引入市场机制、面向社会招聘结合起来，把党管干部原则和经营管理者依法行使用人权结合起来，创造一个人才能进能出、职务能升能降的用人环境。

四、建立完善满足企业发展的人才引进机制

一方面，坚持用事业吸引人、待遇吸引人和感情留住人，采取双向选择的措施，吸引大学毕业生和外部高层次人才，根据项目引进专业人才等灵活多样的人才政策，使人才队伍能够满足企业发展的要求。另一方面，放宽政策，建立人才引进的长效通道。对于企业急需的高层次人才，建立人才引进的绿色通道制度，扩大引进人才的范围，放宽人才引进条件，重点引进企业发展所急需的各类高层次人才。

五、加强和完善企业的人才教育培训体系，建立人才工作长效机制

制定并实施人才培训计划，完善人才培养体系；制定并实施竞争性选拔人才办法，构建有利于优秀人才脱颖而出施展才能的选人用人机制；强化对各类人才的管理，定期进行考核，促进人才作用的发挥。同时，积极探索实行目标管理、绩效评估等现代科学管理方法，健全以态度、能力、业绩为核心，以结果为导向的人才评价体系。

人才资本使用是社会化行为，行为主体有政府、市场、用人组织、利益主体等能动性系统，他们按系统的客观规定性产生了内在动态作用联系，形成了相互合作、互为条件的持续、稳定的长期协同作用，并非单纯的市场运作，也不只是一个政策问题，更不是为了某项政治活动而完成一两次任务。人才资本使用的社会化运行整体性是不能以任何理由和方式加以分割的，需要全社会的共同参与，齐心努力协作。因此，不从政府、市场、用人组织、利益主体等系统运行的内在联系考察，是很难把握我国人才资本使用的现实社会运行动态关系的联系、作用、原因及变化规律的。因此，应把研究眼光集中到人才资本使用的社会化运行联系的深处，探究人才资本使用的全局动态关系及外部联系，找到人才资本效用机制形成的合理结构和作用联系，构建人才资本效用机制，这是解决我国人口压力大和人才资本使用效益低问题的有效战略途径①。

---

① 余绍宁．浅议构建人才队伍建设的长效机制［J］．科协论坛（下半月），2013（5）：179-180.

第七章　以四川省民族地区公务员队伍中专业技术人才为例

我国地大物博，人口众多，共有56个民族。少数民族经济是我国国民经济体系中非常重要的组成部分，少数民族地区的经济发展对我国的经济发展、社会和谐都至关重要。因此，国家应高度重视少数民族地区经济发展问题。同时公务员作为我国基层专业技术人才的典型代表，研究如何使他们扎根基层、为基层服务具有重要的意义。本章将基于四川省民族地区的公务员进行调查，研究当下民族地区公务员专业人才队伍存在的问题，并提出具有现实意义的长效发展对策。

第一节　民族区域协调发展的必要性

一、国家层面

自古以来，我国都是一个统一的多民族、“大杂居，小聚居”的国家，少数民族的健康、稳定和发展是中华民族伟大复兴的重要保障。因此实现各民族团结奋斗，共同发展进步，共同繁荣，是当前我国作为一个统一多民族国家的民族工作主题（谢治菊，朱绍豪，2018）。少数民族地区的经济发展水平直接影响我国社会主义现代化建设的前进步伐，历史上，我国少数民族地区受传统的封建发展模式和发展思想所束缚，经济发展水平较为落后。新中国成立后，我国对少数民族地区加强了政策上的扶持，为我国少数民族地区的经济和文化发展给予了一定的帮助。在党的领导下，改革开放以来的国内经济发展稳健进步，各民族的互动加强，使我国少数民族地区的经济和文化得以迈进新的发展阶段。值得注意的是，我国的总体经济发展并不平衡，部分少数民族地区的经济发展水平与国内一些经济发达省份还有很大的差距。因此，还要不断完善对少数民族政策的落实，缓解经济发展不均衡的状态。

二、四川省层面

四川省民族地区是一个集经济、地缘政治、生态环境、国防安全、国际影响多重因素于一体的特殊区域。四川省民族地区地处长江、黄河及其各大支流的流经地带，既是长江、黄河和各大支流的重要水源涵养地，也是全国生态保护和建设的重点地区。四川省民族地区既有明确的行政区划，又是具有同质区域特性的特殊经济区域。就行政建制而言，四川民族地区包括3个自治州（甘孜藏族自治州、阿坝藏族羌族自治州和凉山彝族自治州）、4个自治县（峨边彝族自治县、马边彝族自治县、北川羌族自治县和木里藏族自治县）和98个民族乡。四川少数民族自治县辖区面积30.2万平方千米，占全省总面积的62.1%。

民族地区自然条件和人文环境复杂多样，生物多样性和文化多样性突出，是我国经济、政治、社会、文化、生态建设的重要基础。四川民族地区在维护国家稳定、民族团结、生态安全和促进全国经济社会和谐发展中具有十分重要的战略意义，在四川省经济社会发展乃至全国经济社会发展中具有十分重要的地位。因此促进四川民族地区区域经济协调发展，既是构建和谐四川的必然要求，也是解决民族地区区域经济发展差异的路径选择①。

三、人才对民族协调发展的重要性

民族地区的安定团结是国家安全、社会稳定和经济发展的重要前提之一。民族地区急需职位公务员队伍建设对我国整体公务员队伍建设、基层政权稳定、经济发展具有不可替代的作用。民族地区急需职位公务员直接服务联系人民群众，处在贯彻落实党的路线方针政策的最前沿，是稳固基层政权的中坚力量，是党执政能力和执政水平的具体体现，是推动经济发展、全面实现小康社会的主力军。从当前来看，政治上，民族地区急需职位公务员是党和政府服务联系民族地区群众的纽带。经济上，民族地区急需职位公务员担负着带领团结艰苦边远地区致富的重任。从历史来看，民族地区急需职位公务员是保持基层稳定的承载者，是直面矛盾、化解危机的先锋队②。

不同的民族有着不同的文化和不同的宗教信仰，这对公务员的个人素质及

---

① 杨风，李继红．四川民族地区区域经济差异研究［J］．中国统计，2010（11）：46-47.

② 肖海鹏．提高艰苦边远地区公务员考录科学性与公平性［J］．中国党政干部论坛，2016，330（5）：45-47.

公共管理工作水平提出了不同的要求。四川省民族地区包括阿坝州、甘孜州、凉山州三州。目前，从整体来看，公务员结构失衡，农、林、水、牧、渔、艺术等急需职位公务员的缺口远超过其他非少数民族地区，而民族地区急需职位公务员是解决各领域突出问题的力量源泉，也是“新时代治蜀兴川”战略的践行者。“新时代治蜀兴川”战略中“三农问题”是重中之重。战略指出，“三农”工作与全面小康密切相连。对四川而言，实现全面小康，重点和难点在农村和农村贫困人口。我们要把彝区、藏区、羌区脱贫攻坚作为实现全面小康的重中之重，举全省之力将脱贫攻坚之战进行到底。

第二节　民族地区公务员队伍中专业技术人才现状

由于生活条件恶劣、物质相对匮乏、工作压力较大等问题的存在，民族地区长期存在公务员“引不进，留不住”的问题，其中以高层次和急需专业技术公务人员等急需职位公务员的引进和留任问题尤为突出。四川省坚持以服务基层发展为出发点，加快推进人才体制机制改革，创新政策措施，补足、建强、用活基层急需职位人才队伍，力争为到2020年三州与全国全省同步实现全面小康提供强有力的人才支撑。因此，本调研聚焦民族地区急需职位公务员群体，对民族地区公务员选、育、用、留等各方面问题进行深入调研，为培养造就一支数量充足、结构合理、符合基层需要、立足基层发展的急需职位公务员队伍，为推动基层经济社会发展、满足基层群众需求，为扎实践行省委省政府发起的“大学习大讨论大调研”活动，为“新时代治蜀兴川”战略建言献策。

一、调研意义

公务员考录是民族地区公务员队伍建设的主要渠道，由于经济、社会、人文等各个方面原因，民族地区急需专业人才公务员考录长期面临“引不进，留不住”的问题。造成上述问题的原因有：一是地理位置偏远。民族地区多处于地理环境偏远、交通不便的地区，部分非本地户籍的年轻公务员因需照顾父母、家庭等原因不会选择报考偏远的地方，即便是成功考录也无法长期扎根基层工作，甚至报到当天就有离开的打算，给公务员队伍的稳定性带来极大的挑战。二是经济条件落后。在民族地区工作，远离城市，衣、食、住、行都相对落后，物价水平与实际收入矛盾突出，生活成本较大，因此大部分年轻公务员无法扎根经济欠发达的地区工作。三是基层工作艰苦。在民族地区开展工作，女生往往面临高海拔的挑战，需要进入山区，对公务员的体力要求高，女生往往难以胜任。同时，民族地区语言和生活习惯的特性，使得非本地人员在沟通和交流方面存在障碍。四是工资福利偏低。现在的年轻人，特别是专业性强、学历层次高的急需职位公务员到基层工作，因待遇偏低，辞职率逐年增加。五是职业前景暗淡。受基层单位规格限制，基层服务年限太长，民族地区公务员晋升渠道狭窄单一、通道不畅，职业前景不理想，容易挫伤年轻公务员的工作热情。

为了进一步加强民族地区公务员队伍建设，2014 年，中共中央组织部、人力资源和社会保障部与国家公务员局印发《关于做好民族地区公务员考试录用工作的意见》，提出民族地区根据实际情况适当降低民族地区公务员进入门槛，拓宽民族地区公务员来源渠道，保持公务员稳定等意见。2017 年，四川省人力资源和社会保障厅、中共四川省委组织部等四部门印发《关于加强基层专业技术人才队伍建设的实施意见》的通知，建议在选、育、用、留等方面，为切实解决基层急需职位公务员总量不足、结构不优、保障乏力等问题提供指导意见；确保民族地区人才招得来、留得住、干得好，为三州决战脱贫攻坚、转型发展提供坚强的人才支撑和智力支持。

在中央和四川省政府的大力推动下，四川三州民族地区不断完善公务员招录政策，采取多项措施加大民族地区公务员考录力度，这些举措使民族地区引人难问题得到缓解，取得了一定成效，但民族地区的急需职位公务员考录问题因其特殊性而依然严峻。因此，本研究通过分析省民族地区公务员特别是急需职位公务员的考录现状，对焦点问题和政策建议进行探索，旨在进一步改善民族地区急需职位公务员考录现状，稳定民族地区公务员队伍建设，实现“新时代治蜀兴川”战略，实现国家 2020 年全面建成小康社会的目标。

二、调研内容

为深入贯彻落实四川省委十一届三次全会精神，扎实开展好“大学习大讨论大调研”活动。按照活动要求，本次调研讲究方法创新，重在提高调研实效，坚持解放思想、实事求是，坚持问题导向、目标导向，坚持从严从实、作风深入，让调研成果真正体现实际、反映实情，为科学决策服务。调研内容总结如下：一是聚焦阿坝州、甘孜州、凉山州，摸清民族地区经济社会发展急需职位公务员的学科类型、专业门类、主要专业，以及目前拥有量、缺口需求量；二是掌握近 5 年来新录用急需职位公务员的基本情况、倾斜政策使用情况；三是剖析急需职位公务员考录存在的主要问题、政策障碍，有针对性地提出对策建议。

三、四川省民族地区考录急需职位公务员的现状

本次调查问卷采用随机抽样，在四川省甘孜、阿坝、凉山三州民族地区共计发放 1 000 份问卷，回收样本 920 份，有效样本 836 份，无效样本 84 份，样本有效率为 90.8%。有效问卷分布如表 7-1 所示。

表 7-1　各州有效问卷数分布　　　　单位：份

地区	人社局版	用人单位版	新进公务员版	汇总
阿坝州	13	90	212	315
甘孜州	11	71	195	277
凉山州	5	64	175	244
汇总	29	225	582	836

另外，我们也赴阿坝州进行了实地调研访谈工作，一路上得到一州一市四县的积极配合，在召开座谈会讨论过程中，各市、县用人单位都针对调研内容踊跃发言，会场气氛热烈。各地政府用人单位也在座谈会中详细说明了民族地区“引人难”“留人难”两大核心问题，提出诸多急需职位公务员队伍建设和考录工作中存在的问题，并相应给出诸多好的建议，对课题调研工作顺利完成起到了巨大推动作用。

（一）四川省民族地区公务员考录近五年的整体情况

此次调研工作采取抽样调查的方式，按照三州的公务员数量比例抽取三类人员（人社局、用人单位、新录用公务员）作为样本填写问卷，全省三州民族地区就性别、年龄、学历、户籍、民族五项整体情况做数据统计分析。以下是根据有效问卷结果对四川省民族地区公务员考录基本情况的分析，由于其调研数据搜集使用抽样调查，而非普查调研，因此本课题仅使用相对数据分析（如：百分比）。

1. 民族地区在编在岗公务员基本情况

（1）性别结构。

由图 7-1 可见，从性别结构来看，参加此次调研的民族地区公务员男性为 28 443人，女性为 17 770 人；男性占 61.55%，女性占 38.45%，男女比例接近 6∶4。民族地区工作生活条件艰苦，且主要的工作集中于安全维稳、地质监测等方面，因此，即使在公务员考试中女性的参加率和成功率均高于男性的情况下，民族地区公务员队伍中现有男性也多于女性。

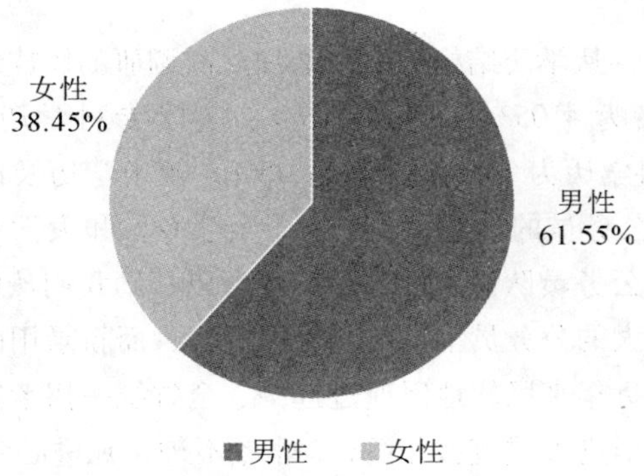

图 7-1　民族地区公务员性别结构

（2）年龄结构。

由图 7-2 可见，从年龄结构来看，参加此次调研的民族地区公务员中 25 岁以下人员为 4 941 人，占 10.83%；26 岁至 35 岁人员为 14 794 人，占 32.42%；36 岁至 50 岁人员为 19 457 人，占 42.64%；50 岁以上人员为 6 440 人，占 14.11%。从样本中可见，民族地区公务员 35 岁为分界线，前后占比 4∶6。由于环境、语言、经济条件的制约，许多青年公务员扎根基层的愿望度低，所以民族地区公务员的年龄普遍偏大；并且民族地区公务员学历层次较低，很少接受过专业知识的学习和后期训练，导致这些人员的整个知识系统不完整，专业素质也参差不齐，所以民族地区的青年人员、专业人才、业务岗位人员十分稀缺，最终造成了人才断层现象。

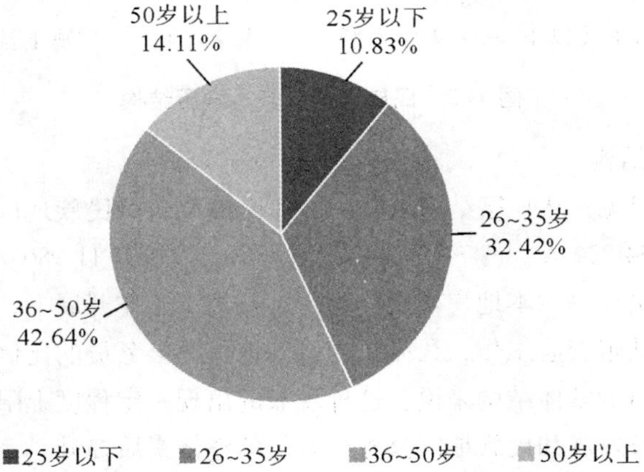

图 7-2　民族地区公务员年龄结构

（3）学历结构。

由图 7-3 可见，从学历结构来看，参加此次调研的民族地区公务员中高中及以下学历的人员为 4 053 人，占 8. 77%；大学专科学历为 20 735 人，占 44. 87%；大学本科学历为 20 792 人，占 45%；硕士学历及以上为 629 人，占 1. 36%。民族地区公务员的学历主要集中于大学专科和大学本科，其加总占比约 90%，民族地区公务员队伍年龄层次分布可以帮助我们从侧面探析造成该现象的原因：年龄偏大的公务员学历层次普遍不高，而新录用的公务员普遍具有较高的学历。这与近年来民族地区通过选调、全省统一招考等方式获取具有高学历公务员人才的引进方式直接相关，“非考不进，凡进必考”的招人录用方式为民族地区公务员队伍提升学历整体层次起到了重要的作用。

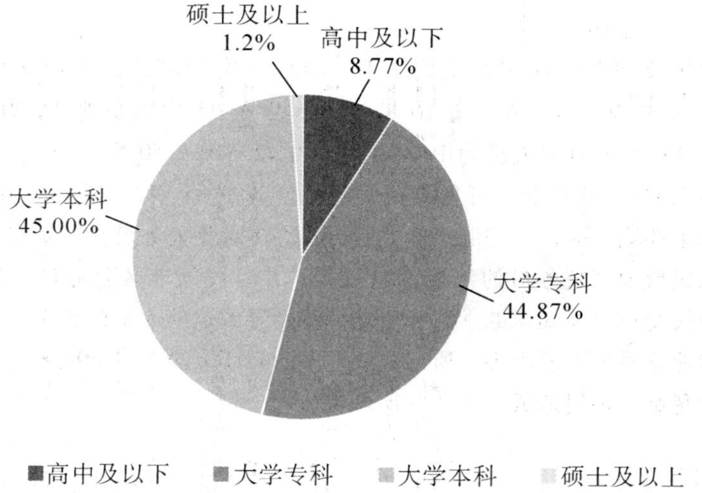

图 7-3　民族地区公务员学历结构

（4）户籍结构。

由图 7-4 可见，从户籍结构来看，参加此次调研的民族地区公务员中本州户籍的人员为 34 224 人，占 74. 06%；州外户籍的人员为 11 986 人，占 25. 94%。民族地区公务员还是以本地户籍人员为主。在招录工作开展上，本地户籍人员更易于在本地扎根安心工作，久而久之，本地户籍公务员的比例越来越大。但是从公务员队伍的整体结构来说，这种现象的出现一定程度上限制了民族地区公务员个人成长发展和民族地区公务员队伍的整体素质提升。

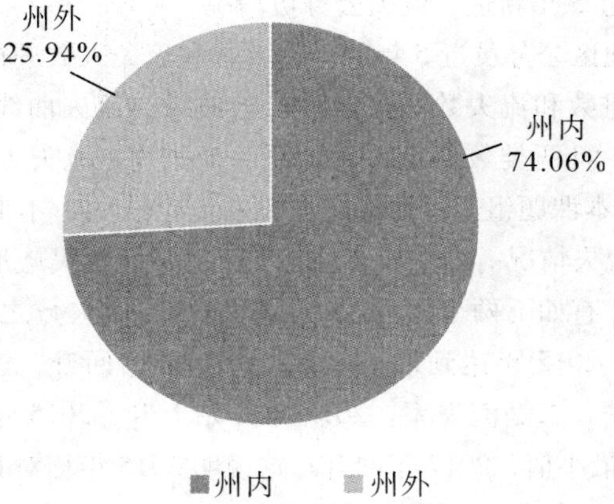

图 7-4　民族地区公务员户籍结构

（5）民族结构。

由图 7-5 可见，从民族结构来看，参加此次调研的民族地区公务员中藏族的人员为 201 人，占 34.54%；汉族的人员为 232 人，占 39.86%；彝族的人员为 88 人，占 15.12%；羌族的人员为 47 人，占 8.08%；回族、蒙古族、苗族三族的人员为 12 人，占 0.17%。从数据可知，民族地区主要以少数民族居多，人口基数排前三位的是：藏族、彝族、羌族，因此少数民族公务员所占比例较大。另外中华人民共和国各民族一律平等，国家保障各少数民族的合法权利和利益，维护和发展各民族的平等团结互助和谐关系，因此汉族在民族地区的公务员占比接近 40%较为合理。

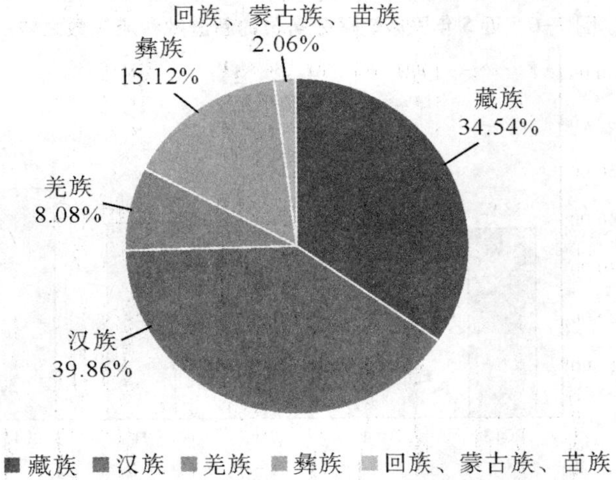

图 7-5　民族地区公务员民族结构

2. 民族地区近5年新进、流失公务员情况

我们对民族地区公务员近5年的新进人数和流失人数进行统计，以下均使用相对数据“新进数和流失数之差，即新进曲线与流失曲线的距离”和“流失率”进行分析，且两类数据呈反比关系。流失率=流失人数/（期初人数+本期新增人数），本课题组通过计算净流失率=流失人数/本期新增人数来反映近5年的新进和流失情况。由图7-6、图7-7可见，从民族地区近5年的新进和流失情况来看，有如下两个发现：一是新进数与流失数之差。从2013年开始呈现下降趋势，2015年达到最小值，2016年开始回升，达到最高值，2017年回落至平衡水平。二是流失率。2013年开始上升，2015年达到最大值，之后在2016年接近最小值，2017年回升。这说明2015年相对其他年份来说，民族地区公务员队伍整体最为不稳定且波动最大。

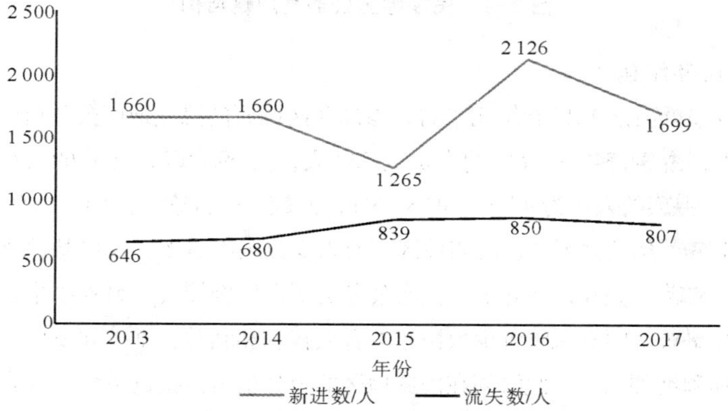

图7-6　近5年民族地区公务员的新进数和流失数之差

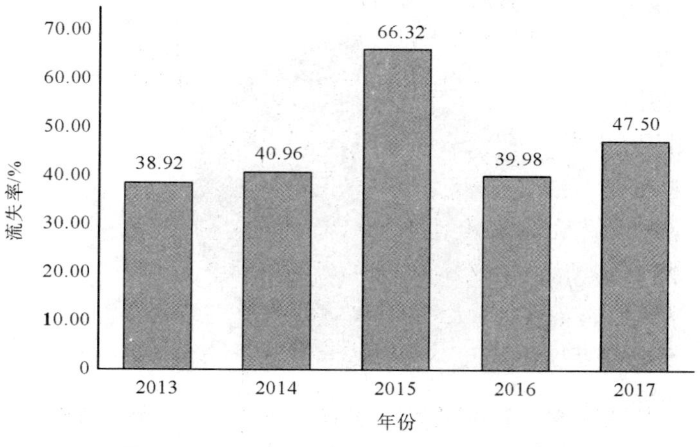

图7-7　近5年民族地区公务员的净流失率

（二）四川省民族地区急需职位公务员考录的运行现状

1. 人社局和用人单位视角下急需职位公务员的运行现状

根据统计数据，民族地区人社局和用人单位就急需职位公务员的基本情况、倾斜政策、考录情况等方面均出现较大的数据一致性和相似性，其一致性率高达90%（见表7-2）。因此，本课题将人社局视角和用人单位视角下的急需职位公务员的考录运行现状归类整理，统一分析。

表7-2　人社局版与用人单位版举例数据比较表

题号	选项	人社局		用人单位	
		计数/个	百分比/%	计数/个	百分比/%
题14	1	3	10. 34	25	11. 11
	2	18	62. 07	131	58. 22
	3	20	68. 97	118	52. 44
	4	1	3. 45	19	8. 44
	5	3	10. 34	40	17. 78
	6	5	17. 24	26	11. 56
	7	0	0	7	3. 11
题15	1	8	27. 59	53	23. 56
	2	12	41. 38	109	48. 44
	3	15	51. 72	111	49. 33
	4	0	0	7	3. 11

（1）人社局和用人单位视角下急需职位公务员整体情况。

由表7-3可见，民族地区急需职位按照稀缺程度排序。我们发现缺口最大的三大专业分别是会计学（会计）、行政管理（文秘）、财务管理（会计），这些都属于偏文科的专业，在经济社会建设中属于较容易转化的人才。因为民族地区的特殊性，非民族地区较为饱和的专业在民族地区变成较为稀缺的专业。另外通过缺口率（缺口率=缺口数/总需求数）的计算，我们发现，排在最前面的专业分别是工程管理（工程师）、水利水电工程（工程师），分别占到了85%左右。这两个专业都属于经济建设中必备专业，对修桥、修路、修电站等来说都是必需的。这在一定程度上说明了民族地区对经济建设发展的迫切。

根据统计数据，其急需职位公务员的学科类型、具体专业、具体职位、总需求量，总缺口量统计如表 7-3 所示。本课题组就以下统计数据做如下说明：一是在编在岗人数较以下数据更大，有多份问卷在填写时只填写缺口量，并未填写在编在岗人数。二是缺口量的数据较以下数据更大，有多份问卷只填写紧缺专业，而并未填写其缺口量。三是以下数据建议侧重关注相对数据，如：排名，绝对数据可做参考。具体情况详见表 7-3。

表 7-3　民族地区急需紧缺专业排名前十

排名	急需专业	急需职位	在编在岗数/人	缺口数/人	总需求数/人	缺口率/%
1	会计学	会计	502	202	704	29
2	行政管理	文秘	310	155	465	33
3	财务管理	会计	160	69	229	30
4	法学	律师	141	52	193	27
5	藏汉双语	翻译	21	41	62	66
6	刑事科学技术	痕迹检验员	35	41	76	54
7	农学	检验检疫员	14	30	44	68
8	工程管理	工程师	5	29	34	85
9	水利水电工程	工程师	5	27	32	84
10	法医学	法医	12	25	37	68

（2）人社局和用人单位视角下急需职位公务员基本情况。

本课题组以下分析样本总量为 254，其中人社局 29，用人单位 225。以下数据中某选项百分比 =（人社局某选项样本量/29+用人单位该选项样本量/225）/2。问卷 8、9、10 题为排序题，在数据处理和分析时较单选题、多选题更为复杂，课题组通过统计总样本中 8、9、10 题各选项在顺位排位中所占比例的方法，来明确各选项的重要性，进而排序。单选题是多个选项中选择一个，且必选，因此，其各选项所占百分比相加定为 100%。然而，多选题和排序题允许问卷填写者可多选，且民族地区公务员学历结构不合理，综合素质偏低，在填写问卷时会较多出现缺填、漏填情况，致使各选项所占百分比相加不为 100%。在对排序题进行排序时需遵循以下原则：一是从 1 开始进行升序排列，如：1，2，3，…；二是已占据前位的选项，不参与后续排位，如：选项 1 已经是排位 1，则不参与后面的排位；三是“数据则高”原则。具体情况分析如下：

①“引不进”是急需职位公务员紧缺最重要的原因。

调查问卷第8题：“本州（市、区、县）急需职位公务员紧缺最重要的原因是?”此题为排序题。由表7-4可见，急需职位公务员紧缺最重要原因的依次排序为：第一，引不进（59.31%）；第二，留不住（34.58%）；第三，需求量大（8.06%）；其他（0.44%）。

通过比对，我们发现问卷调查的结果与访谈结果保持高度一致。在阿坝州一州一市四县的实地座谈调研的过程中，本课题组发现，民族地区因地处高原，离中心城市较远的县市（如红原县、若尔盖县），均在座谈会上明确提到急需职位公务员之所以紧缺，其最大的原因在于“引不进”，其次是“留不住”。但是，汶川、茂县、理县由于交通便利，且离成都较近，受到成都市区“虹吸效应”影响，他们最为担心和困扰的是优秀急需职位人才难留住、留不住的问题。

表7-4　第8题各选项在排名1~4中所占百分比

排名		第8题			
		引不来	留不住	需求量大	其他
1	计数/个	152	3	0	0
	百分比/%	59.31	5.17	0	0
2	计数/个	54	61	1	0
	百分比/%	24.02	34.58	0.22	0
3	计数/个	23	13	16	0
	百分比/%	6.61	2.89	8.06	0
4	计数/个	16	2	2	2
	百分比/%	5.06	0.44	1.95	0.44

②“工作生活环境艰苦”是急需职位公务员“引不进”的最重要原因。

调查问卷第9题：“本州（市、区、县）急需职位公务员“引不进”最重要原因是?”此题为排序题。由表7-5可见，急需职位公务员‘引不进’最重要的原因排序为：第一，工作生活环境艰苦（64.09%）；第二，地理位置偏远，交通不便利（35.52%）；第三，语言障碍，不能正常交流（17.51%）；第四，离亲戚、朋友太远（11.17%）；第五，工资待遇低（4.67%）；第六，倾斜政策不足或未能有效使用（3.28%）；第七，“其他”（0.22%）。

通过比对，我们发现调研座谈所获得信息与问卷调查的结果较为一致。在阿坝州的六场座谈会中，绝大多数的受访者在介绍本州（市、县）基本情况时，都明确提出民族地区公务员面临“引不进”的三大原因：

一是高原地区工作生活艰苦。第一，阿坝州属老、少、边、穷、病的少数民族地区，也属高寒高海拔地区，致使长期工作在阿坝州各战线的工作人员均存在不同程度的高原性疾病。第二，常年来，阿坝州频繁出现录用到任不足一月便不顾服务年限也要办理离职手续的现象。政府耗资几千元/人的招录成本，公务员在看到民族地区的实地环境之后，因为严重的高原反应，就算离职也要离开，政府部门未有措施和政策对其进行约束。最终致使政府增加录用成本，却无人才可用。第三，由于长期在高原工作，一般工作人员到了 50 岁，身体健康状况均出现问题，无法正常履行工作职责，呈现出“心有余而力不足”的现象。这在一定程度上给潜在的公务员人选造成较大的心理负担。

二是地理位置偏远、交通不便。由于受区位条件差、海拔高、气候恶劣、易患高原病、交通不便等客观因素影响，民族地区普遍缺乏吸引、引进、留住人才的发展平台，人才引进与流失失衡，相关急需职位公务员缺口较大。另外值得注意的是，民族地区大部分机关和乡镇招录对人才要求较高的岗位均不限制户籍地要求，但考上的也多为外籍考生，受地方观念影响，外来干部生活工作上有客观困难，且难以解决，一段时期后，要么调走要么辞职，考录公务员成了他们的“跳板”，造成人才流失，加重人才引进的困难。

三是工资待遇低。三州民族地区由于地理限制，经济发展受限，财政收入薄弱，其公务员队伍的绩效工资与内地的绩效工资比相差甚远。另外，民族地区维稳工作任务重，行政运行成本高，但工资福利待遇与西藏等藏区相比差别大，干部职工工资待遇低，使学历高、专业性强的考生都不愿意报考（袁蒙，2017）。

表 7-5　第 9 题各选项在排名 1~7 中所占百分比

排名		第 9 题						
		选项 1	选项 2	选项 3	选项 4	选项 5	选项 6	选项 7
1	计数/个	160	8	1	2	0	0	0
	百分比/%	64.09	9.29	1.72	1.95	0	0	0
2	计数/个	23	99	3	0	1	0	0
	百分比/%	11.12	35.52	5.17	0	0.22	0	0

表7-5(续)

排名		第9题						
		选项1	选项2	选项3	选项4	选项5	选项6	选项7
3	计数/个	3	12	45	1	2	2	0
	百分比/%	0.67	7.17	17.51	1.72	0.44	1.95	0
4	计数/个	2	7	20	30	1	0	0
	百分比/%	0.44	1.56	8.95	11.17	1.72	0	0
5	计数/个	33	28	36	18	21	0	0
	百分比/%	14.84	15.23	15.51	11.51	4.67	0	0
6	计数/个	14	8	7	10	8	8	0
	百分比/%	4.61	3.28	3.06	5.23	6.28	3.28	0
7	计数/个	15	1	0	0	0	0	1
	百分比/%	3.33	0.22	0	0	0	0	0.22

注：选项1为“工作生活环境艰苦”，选项2为“地理位置偏远，交通不便利”，选项3为“语言障碍，不能正常交流”，选项4为“离亲戚朋友太远”，选项5为“工资待遇低”，选项6为“倾斜政策不足或未能有效使用”，选项7为“其他”。

③“工作生活环境艰苦”是急需职位公务员“留不住”的最重要原因。

调查问卷第10题：“本州（市、区、县）急需职位公务员‘留不住’最重要的原因是?”此题为排序题。由表7-6可见，急需职位公务员“留不住”的最重要原因依次排序为：第一，工作生活环境艰苦（63.15%）；第二，民资地区工作环境复杂，工作压力大（38.69%）；第三，工资待遇低，激励不足(36.41%)；第四，晋升空间小（21.35%）；第五，此类公务员具有较高职业选择能力，对单位的忠诚度低（11.34%），第六，把民族地区公务员岗位当作跳板，希望几年后调离（9.12%）；第七，家庭要求调离（8.23%）；第八，其他（0）。

通过比对，我们发现调研座谈所获得信息与问卷调查的结果较为一致。在座谈会中，当被问及急需职位公务员“留不住”最重要的原因时，大部分的公务员均表示诸多客观因素导致人才留不住。一是川西北高原气候恶劣、生活条件艰苦；经济发展滞后、工作条件差。二是人员待遇亟待提高，后顾之忧多(子女上学、医疗)。公务员特别是基层公务员在维稳、脱贫攻坚等重大工作中经常是“5+2”“白加黑”工作模式，大部分公务员认为工作与内地公务员相比，工作强度、辛苦程度都比内地大，但待遇相差很远，使公务员滋生辞职、调离等想法。三是公务员精神状态与新形势要求不相适应。由于各单位主任科员、副主任科员职数有严格限制，领导职数大幅减少，且基层公务员普遍认为只要过了35周岁得不到提拔，就没有了奔头，思想也随之松懈，同社会上许多其他职业相比较，公务员工作期望值不高，心理落差大，致使更多人产生“走出去”的思想。四是部分公务员在考上之前就已经结婚，考上后形成了夫妻两地分居的事实，本着照顾家庭和便于小孩接受更好的教育条件等因素，即使国家实施“团聚工程”，更多的人还是愿意去条件更好的市、县，因此，“团出去”的多，“团进来”的少，这样也造成了人才流失或人才留不住。

表7-6　第10题各选项在排名1~8中所占百分比

排名		第10题							
		选项1	选项2	选项3	选项4	选项5	选项6	选项7	选项8
1	计数/个	149	5	0	2	1	0	0	0
	百分比/%	63.15	4.11	0	3.45	1.72	0	0	0
2	计数/个	20	93	2	1	0	1	0	0
	百分比/%	5.95	38.69	1.95	1.72	0	0.22	0	0
3	计数/个	33	43	76	2	0	1	0	0
	百分比/%	14.84	20.07	36.41	0.44	0	0.22	0	0
4	计数/个	13	14	24	42	0	1	1	0
	百分比/%	2.89	4.61	9.84	21.35	0	1.72	0.22	0
5	计数/个	12	5	5	11	24	1	1	0
	百分比/%	5.67	1.11	2.61	5.45	11.34	1.72	1.72	0
6	计数/个	8	11	21	23	16	14	0	0
	百分比/%	3.28	5.45	9.17	11.12	11.07	9.12	0	0
7	计数/个	2	3	6	5	15	12	10	0
	百分比/%	0.44	0.67	2.84	1.11	7.84	5.67	8.23	0
8	计数/个	5	0	1	1	0	0	0	0
	百分比/%	1.11	0	0.22	0.22	0	0	0	0

注：选项1为“工作生活环境艰苦”，选项2为“民族地区工作环境复杂，工作压力大”，选项3为“工资待遇低，激励不足”，选项4为“晋升空间小”，选项5为“此类公务员具有较高职业选择能力，对单位的忠诚度低”，选项6为“把民族地区公务员岗位当作跳板，希望几年后调离”，选项7为“家庭要求调离”，选项8为“其他”。

(3) 人社局和用人单位视角下倾斜政策的使用情况。

①“两降两加两限”倾斜政策的使用情况。

调查问卷第12题：“两降两加两限”政策对民族地区引进急需职位公务员的效果评价，此题为同一系列单选题。通过数据分析，我们对“两降两加两限”倾斜政策的使用效果有如下两个发现：第一，整体角度。83.06%以上的人社局和用人单位均认为“两降两加两限”倾斜政策对引进急需职位公务员具有较好效果，其选项主要集中在“效果比较明显”以及“效果非常明显”。第二，特殊角度。人社局和用人单位就六项措施的“效果非常明显”排名为：实施户籍限定政策（16.12%）、增加少数民族加分（12.01%）、实施最低服务年限（9.00%）、加试民族语言（8.51%）、降低学历要求（6.78%）、降低开考比例（3.72%）。其中对户籍限定和加分政策效果评价最佳。二是“没有效果”排名。同理，根据统计数据，人社局和用人单位就六项措施的“没有效果”排名为：降低学历要求（8.67%）、加试民族语言（7.23%）、降低开考比例（5.72%）、增加少数民族加分（5.45%）、实施户籍限定政策（5.23%）、实施最低服务年限（1.33%），其中对降低学历和加试民族语言对引进急需职位公务员的效果相对较差，详见表7-7。

表7-7 “两降两加两限”倾斜政策的使用情况

第12题							
题目			效果评价				
			选项1	选项2	选项3	选项4	选项5
两降	降低开考比例	计数/个	19	40	114	67	10
		百分比/%	5.72	13.39	46.36	29.91	3.72
	降低学历要求	计数/个	12	41	90	92	17
		百分比/%	8.67	10.61	35.02	38.47	6.78
两加	加试民族语言	计数/个	19	44	100	67	18
		百分比/%	7.23	14.28	35.74	32.91	8.51
	增加少数民族加分	计数/个	11	29	95	90	27
		百分比/%	5.45	7.95	37.63	36.52	12.01

表7-7(续)

第 12 题							
题目			效果评价				
			选项 1	选项 2	选项 3	选项 4	选项 5
两限	实施户籍限定政策	计数/个	10	25	102	83	32
		百分比/%	5.23	7.06	37.69	33.46	16.12
	实施最低服务年限	计数/个	6	30	114	77	27
		百分比/%	1.33	11.17	47.86	30.63	9.00
平均值			5.61	10.74	40.05	33.65	9.36
汇总			16.35		83.06		

注：选项 1 为“没有效果”，选项 2 为“效果不太明显”，选项 3 为“效果一般”，选项 4 为“效果比较明显”，选项 5 为“效果非常明显”。

通过对比，我们发现调研座谈所获得信息与问卷调查的结果较为一致。通过分析效果最差的两个政策，原因如下：一是“降低学历要求”问题。由于公务员的招录不得限制全日制学历，民族地区在实际招录的急需职位公务员大部分属通过成人考试、函授教育等取得的在职教育，专业性不强。另外，急需职位（如：技术类）的公务员的培养需要系统学习，不可能在较短时间内熟练掌握一门技术，而综合管理类公务员则替代性强，因此在急需职位（如：技术类）公务员招录中设置降低学历要求无现实意义。二是“加试民族语言”。民族地区语言属于小众语言，普及地域较小，若严格限制内地只讲普通话的汉族人才进入，造成民族地区公务员民族结构失衡，先进知识和理念被语言阻挡在门外。

②“定向考录项目”倾斜政策的使用情况。

调查问卷第 13 题：“定向考录项目”对引进民族地区急需职位公务员的效果评价。此题为五维单项题，选项一致。通过数据分析，我们对“定向考录项目”倾斜政策的使用情况可归纳总结出如下两点：第一，从整体来看，人社局和用人单位对“定向考录项目”的整体评价仍集中在于后三个选项中，即“效果一般”“效果比较明显”和“效果非常明显”，加总占比高达83.18%，所以我们认为“定向考录项目”倾斜政策的使用效果较好。第二，特殊角度。由于此题条目过多，且推理逻辑如上题。为避免分析冗余，以下只从两个极端中取其前三进行分析说明。一是“效果非常明显”排名前三：优秀工人农民（12.9%）、“9+3”退役士兵定向招考项目（12.18%）、政法体改生考录项目（10.23%）。二是“没有效果”排名前三：“9+3”应届毕业生定向考录项目

（13.79%）、面向优秀村干部定向招考项目（7%）、特殊时期面向当地事业单位工作人员和村干部的定向考录项目（6.56%），详见表 7-8。

表 7-8 “定向考录项目”倾斜政策的使用情况

第 13 题						
项目		效果评价				
		选项 1	选项 2	选项 3	选项 4	选项 5
“9+3”应届毕业生定向考录项目	计数/个	35	48	97	54	16
	百分比/%	13.79	21.18	39.58	19.51	5.06
藏区公安机关特警考录项目	计数/个	6	28	90	99	21
	百分比/%	2.84	6.22	30.51	47.53	9.17
政法体改生考录项目	计数/个	6	25	95	100	19
	百分比/%	1.33	8.56	34.63	43.25	10.23
“9+3”退役士兵定向招考项目	计数/个	6	20	89	110	21
	百分比/%	2.84	4.44	28.79	49.98	12.18
面向大学生村官等服务基层项目人员	计数/个	4	24	89	112	19
	百分比/%	0.89	11.34	36.30	44.41	5.72
面向优秀村干部定向招考项目	计数/个	18	42	116	54	14
	百分比/%	7.00	19.85	49.81	16.51	4.61
优秀工人农民定向招考项目	计数/个	5	16	88	109	31
	百分比/%	1.11	5.06	37.58	42.25	12.90
公安院校公安专业毕业生和公安特殊专业人才专项考录项目	计数/个	10	20	90	106	20
	百分比/%	3.72	7.45	35.02	46.08	5.95
特殊时期面向当地事业单位工作人员和村干部的定向考录项目	计数/个	16	31	98	81	17
	百分比/%	6.56	9.89	42.80	31.52	6.78
平均值		4.45	10.44	37.22	37.89	8.07
汇总		14.90		83.18		

注：选项 1 为“没有效果”，选项 2 为“效果不太明显”，选项 3 为“效果一般”，选项 4 为“效果比较明显”，选项 5 为“效果非常明显”。

通过对比，我们发现调研座谈所获得信息与问卷调查的结果较为一致。以下是我们对“没有效果”等三项措施做的进一步分析：一是“9+3 应届毕业生定向考录项目”问题。享受应届毕业生定向招录政策的学生在到内地读书或接受继续教育后宁愿支付高额违约金也不回本州就业，致使政府耗费大额支出却未能得到相应的人才回报。二是“面向优秀村干部定向招考项目”和“特殊时期面向当地事业单位工作人员和村干部的定向考录项目”问题。优秀村干部和事业单位人员在公文写作、沟通交流、解决民族问题等方面，不可否认其在政治领域的实用性。但随着经济的发展，对公务员的业务能力和知识水平提出了更高的要求，民族经济发展需要具有农业经济、智能制造、法律、刑侦、财务等领域的急需专业技术人才，而长期扎根基层工作的乡村干部往往无法达到以上专业的岗位要求。因此，在引进急需职位（技术类）人才的政策倾斜方面，由于人力投资无法有效回收或基层人才无法胜任条件等因素，这三个政策的效应无法充分体现。

（4）人社局和用人单位视角下急需职位公务员考录工作情况。

①“报考人数不足”是急需职位公务员考录中存在的最大问题。

调查问卷第 11 题：“民族地区急需职位公务员考录工作中存在的最大问题是?”此题为单选题。通过数据分析，我们发现民族地区急需职位公务员考录工作中存在的最大问题的排序依次是报考人数不足（47.14%）、报考条件太高（34.41%）、招考宣传工作不到位（13.50%）、难以通过笔试（13.50%），其他（10.06%）、开考比例高（9.89%），详见图 7-8。民族地区急需职位公务员考录中存在的最大问题是“报考人数不足”，分析这些空缺职位可以发现，绝大多数职位位于民族地区，或者是专业性比较强、资格条件设置过高。而“招考条件太高”和“宣传工作不到位”又是民族地区急需职位公务员引不进的排序靠前的两大问题。由此可见，“招考条件太高”和“宣传工作不到位”既是民族地区公务员招录难的问题，又是导致“报考人数不足”的原因。

通过比对，我们发现调研座谈所获得信息与问卷调查的结果较为一致。民族地区急需职位公务员“引不进”问题严重，民族地区的自然条件、基础设施、生活条件和水准与发达地区相比有明显差距，特别是思想观念与发达地区差距较大。除对生活环境、生活水平的担忧之外，多数人才担心到民族地区工作后，在思维方式、眼界、能力素质方面跟不上形势，影响其后续发展，同时也担心对其成家、安家，子女教育等造成负面影响①。这些因素导致不愿意报考民族地区岗位或者考上后跳槽另谋出路的例子比比皆是，在实地访谈座谈会中，阿坝州人社局的报告指出，2013—2017 年，阿坝州招录的公务员中因专业紧缺未达到开考比例，取消招录计划数 76 名，涉及的专业繁多。

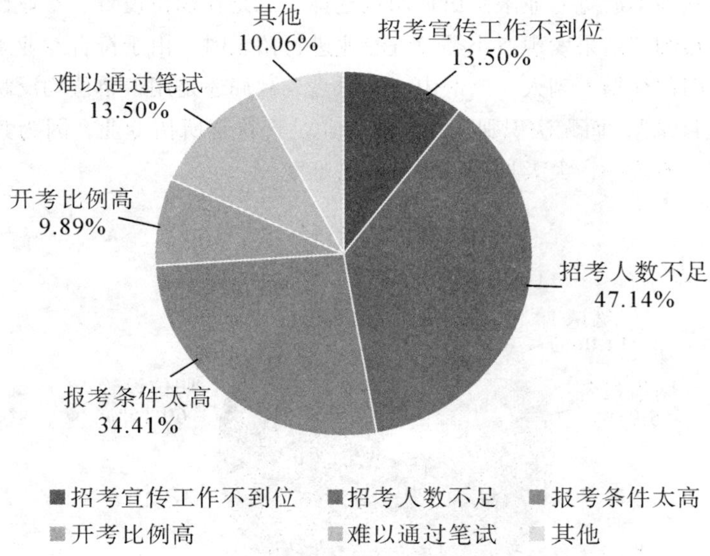

图 7-8　急需职位公务员考录中存在的最大问题

②“报考条件”是急需职位公务员考录中最需改进的环节。

调查问卷第 14 题：民族地区急需职位公务员考录工作中最需要改进的环节？此题为多选题。通过数据分析，我们发现民族地区急需职位公务员考录工作中最需要改进的环节依次为报考条件（60. 7%）、职位设置（60. 15%）、面试（14. 40%）、公告发布（10. 73%）、其他（1. 56%），详见图 7-9。民族地区急需职位公务员考录最需要改进的是“报考条件”和“职位设置”，两个选项的占比均高于 60%。

通过比对，我们发现调研座谈所获得信息与问卷调查的结果较为一致。一是“报考条件”放宽给考录工作带来困扰。民族地区因其特殊性，在公务员招录过程中有相当多的倾斜政策，为民族地区吸引人才、招录人才提供很多的政策红利，但是实际工作中逐渐调整放宽按大类招录，招录的成功率得到明显

① 林晓英. 是什么阻碍人才向艰苦边远地区流动？——关于艰苦边远地区人才流动状况的调查与思考［J］. 中国人才，2014（15）：27-29.

提升，但是招来的考生专业往往和具体职位需求又不符合。调研时发现，有些民族地区为了能够招到人，完全不设置专业限制，结果招进来的考生多为社科类专业，发展地方经济特别需要的经济、林业、农业、环境等方面的专业人才很难招到。因此，由于专业限制使“招得到”和“用得上”出现此消彼长的难题。放宽与不放宽专业限制出现两难选择。二是在职位设置、专业设置等方面都做得很细，结果发现按小类设置专业进行招录时，由于符合专业条件人数有限的原因往往招不到人。座谈中，无论是人社局还是用人单位均反映因为没有“专业目录”，而无法识别某考生的专业是否符合所招专业，因为其专业名称不规范、不统一，大大加大资格审查的难度。

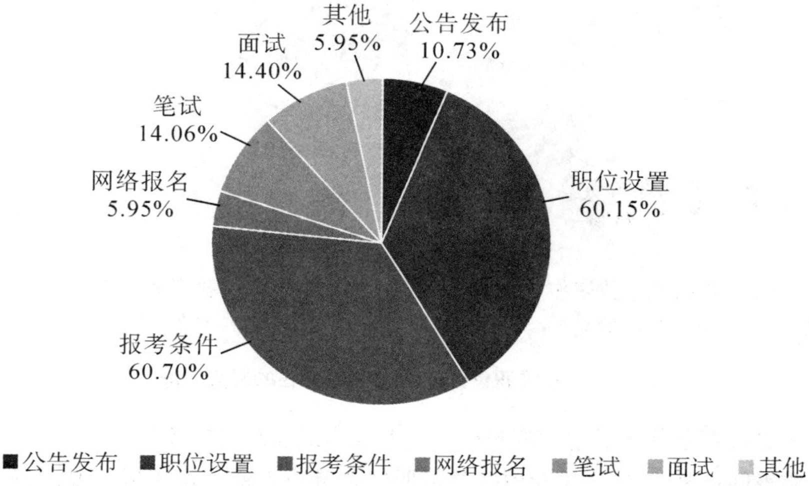

图 7-9 急需职位公务员考录中最需改进的环节

③“全州组织统一招考，打捆设置大职位”是最认同的倾斜政策。

调查问卷第 15 题：“对于民族地区急需职位公务员考录倾斜政策最认同的是?”此题为单选题。通过数据分析，我们发现对于民族地区急需职位公务员考录倾斜政策最认同的依次是全州组织统一招考，打捆设置大职位（48.53%）、尝试填报多个志愿（39.61%）、提升笔试成绩（10.30%）、其他（1.56%），详见图 7-10。

通过比对，我们发现问卷调查的结果和访谈结果完全不一致。一是“全州统一招考，打捆设置大职位”“尝试填报多个志愿”两个倾斜政策。在座谈会中，只有极少数人建议民族地区独立招考公务员，几乎无人提出招录中“尝试填报多个志愿”。但问卷统计数据中，“全州组织统一招考”“尝试填报多个志愿”的倾斜政策认可度极高。二是“提升笔试成绩”。在座谈会中，有较多用人单位均提出要调整笔试与面试的成绩计算比例，他们认为目前公务员考录的“公文写作”和“申论”可以有效地考察综合管理类的公务员，但是较难甄别出急需职位公务员的业务能力和潜能，因此建议提升专业技术公务员的笔试成绩比例，调整题型，以满足民族地区对急需职位公务员考录的实际需要。

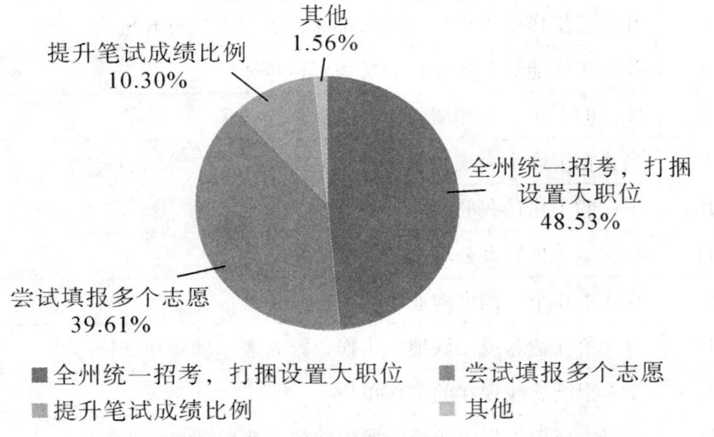

图 7-10　急需职位公务员考录最被认同的政策

2. 新录用公务员视角下急需职位公务员考录的运行现状

本套新录用公务员调查问卷共计 19 题，回收 582 份有效问卷。本课题组将分别从新进急需职位公务员的自我效能感评价、新进公务员考录的基本情况两大方面分析民族地区急需职位公务员考录的现实情况。具体如下：

（1）新录用急需职位公务员的自我效能感评价。

调查问卷第 12 题：“请根据自己的实际情况评价自己的效能”。此处的“效能”指个体的自我效能感，个体对自己是否有能力完成某一行为所进行的推测与判断。本题从工作胜任力、待遇满意度、人际关系、家人支持等角度对新录用急需职位公务员进行自我效能感评价。此题与人社局版中的第 12 题和第 13 题一样，为同一系列多个单选题，选项是五维，条目有 16 条，具体条目见表 7-9。

表 7-9　陈诉条目表

陈诉	内容
陈诉 1	我已经适应了现在的生活环境和工作氛围
陈诉 2	目前的工作要求与我所具备的经验、技能和知识相符

表7-9(续)

陈诉	内容
陈诉 3	单位提供给我的工作环境与我的要求相符
陈诉 4	我觉得我已经能够很好地完成自己的工作
陈诉 5	我满意我的工资收入和福利待遇
陈诉 6	凡是在工作中表现出色的人都获得了公平的晋升机会
陈诉 7	我的工作能够得到领导的赏识和认可
陈诉 8	单位的考录工作和绩效考核制度都很公平
陈诉 9	当我在工作中表现出色时，我会得到我本应得到的奖励
陈诉 10	现在的工作让我的能力得到展现
陈诉 11	我满意单位的办公环境和同事关系
陈诉 12	我在工作中与同事沟通顺畅
陈诉 13	对于留在边远或民族地区工作，家人表示理解和支持
陈诉 14	家人很满意我现在的工作单位
陈诉 15	向家人征询工作中所遇问题的建议，我感到很舒心
陈诉 16	当我某段时间工作很忙时，家人总是多做些家务活

通过数据分析，我们发现如下两点：首先，从整体来看。73.85%的新录用的急需职位公务员对现在的工作、工资福利、晋升、人际关系及家人支持等方面均表示不满意，其中大量选项比例集中于“不同意”（57.25%）、“非常不同意”（16.60%）；而只有25.67%的新录用急需职位公务员对自己的各项效能较为满意，且集中在“不确定”，只有7.04%新录用急需职位公务员满意自己的现状。由此可知，绝大部分新录用急需职位公务员在民族地区工作的自我效能感都偏低。从座谈会上可知，由于基层服务存在工作量巨大、服务人数多、资源不足以及处理方式的不确定性和当事人的不可预测性等问题，这让部分民族地区急需职位公务员的志向与抱负难以实现。其次，从具体的指标来看。急需职位公务员认为“非常不同意”选项的前五陈诉条分别为：一是工作很忙，家人总是多做家务活；二是对于留在边远或民族地区工作，家人表示理解和支持；三是我在工作中与同事沟通顺畅；四是我已经适应了现在的生活环境和工作氛围、五是我觉得我已经能够很好地完成自己的工作，详见表7-10。

通过对比，我们发现调研座谈所获得信息与问卷调查的结果较为一致。受党的十八大以来民族地区工作环境、工作方式和人际关系改善的影响，民族地区公务员和急需职位公务员的自我效能感有所提升，且人际效能感大于岗位效能感；同时，新时代乡村振兴和精准扶贫等重大任务让民族地区公务员特别是急需职位公务员（会计、法医、刑侦等专业人才）的基层工作"苦不堪言"。通过数据分析可知，新录用公务员的不满意感来自多个方面，产生不满意的原因主要在于家庭的不理解和不支持、民族地区工作压力大等。课题组在座谈会中所了解的新录用公务员现状与问卷所得一致，随着养老保险制度的并行实施，"稳定工作"对公务员的吸引力正在下降，特别是，艰苦边远地区公务员面临着诸如基层工作复杂、条件艰苦、待遇较差、成长环境差等问题，部分公务员面对急难险重问题"不求有功、但求无过"，不主动作为、不愿作为，怕担责，导致公务员队伍干事创业激情不高，作用发挥不够。

表 7-10　自我效能感评价百分比

陈诉		评价				
		非常不同意	不同意	不确定	同意	非常同意
陈诉 1	计数/个	113	363	62	30	13
	百分比/%	19	62	11	5	2
陈诉 2	计数/个	85	332	92	54	16
	百分比/%	15	57	16	9	3
陈诉 3	计数/个	82	346	76	65	11
	百分比/%	14	59	13	11	2
陈诉 4	计数/个	109	372	70	14	15
	百分比/%	19	64	12	2	3
陈诉 5	计数/个	47	254	95	133	51
	百分比/%	8	44	16	23	9
陈诉 6	计数/个	85	264	144	62	25
	百分比/%	15	45	25	11	4
陈诉 7	计数/个	85	340	129	14	12
	百分比/%	15	58	22	2	2
陈诉 8	计数/个	99	348	92	30	11
	百分比/%	17	60	16	5	2

表7-10(续)

陈诉		评价				
		非常不同意	不同意	不确定	同意	非常同意
陈诉 9	计数/个	70	294	153	48	12
	百分比/%	12	51	26	8	2
陈诉 10	计数/个	84	315	135	38	7
	百分比/%	14	54	23	7	1
陈诉 11	计数/个	109	375	65	18	14
	百分比/%	19	64	11	3	2
陈诉 12	计数/个	119	411	35	4	10
	百分比/%	20	71	6	1	2
陈诉 13	计数/个	120	314	83	47	13
	百分比/%	21	54	14	8	2
陈诉 14	计数/个	110	313	104	42	10
	百分比/%	19	54	18	7	2
陈诉 15	计数/个	103	355	80	25	16
	百分比/%	18	61	14	4	3
陈诉 16	计数/个	126	335	68	32	15
	百分比/%	22	58	12	5	3
平均值		16. 60	57. 25	15. 93	7. 04	2. 70
汇总		73. 85		25. 67		

（2）新录用急需职位公务员考录的基本情况。

①“作为本地人，希望回到家乡工作”是选择成为一名民族地区公务员最重要的原因。

调查问卷第 13 题：“您选择做一名民族地区公务员最重要的原因”，此题为单选题。通过数据分析，我们发现选择做一名民族地区公务员最重要的原因依次排序为作为本地人，希望回到家乡工作（49%）、热爱公共事业，希望为民族地区的发展做出贡献（28%）、公务员工作稳定，社会地位高（12%）、民族地区公务员待遇高（3%）、就业竞争压力小（3%）、其他（2%）、能更好发挥自己的专业技能（1%），详见图 7-11。综上所述，从调研对象来看，受访者以来自本州的人员为主，外来优秀人才难引进，或是引进来也留不住。因此，民族地区公务员出生于民族地区，家人亲戚朋友也均在民族地区成为“作为本地人，希望回到家乡工作”的主要因素。

通过比对，我们发现调研座谈所获得信息与问卷调查的结果较为一致。座谈会中谈及到民族地区当公务员的理由时，较普遍的回答如下：一是本地户籍，离家近；二是民族地区公务员好考，竞争压力小；三是有理想信念，想到基层锻炼等。而“作为本地人，希望回到家乡工作”出现的频次最高。

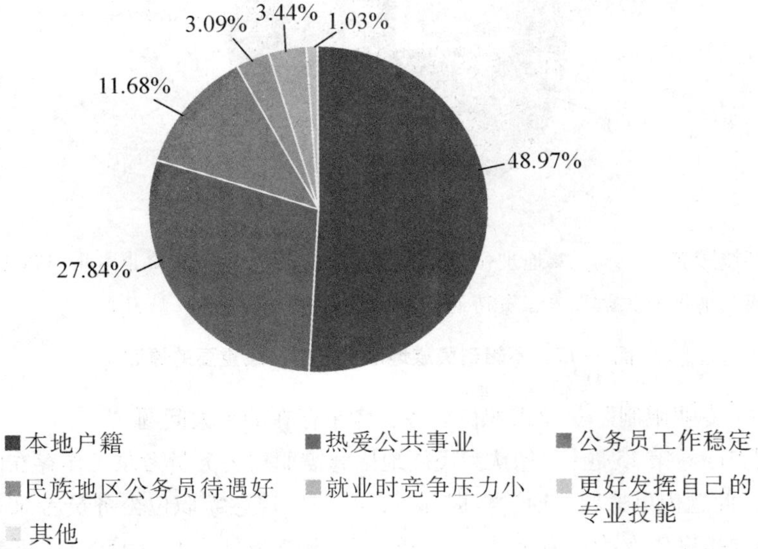

图 7-11　成为一名民族地区公务员最重要的原因

②“工作生活条件艰苦”是不想去民族地区当公务员最重要的原因。

调查问卷第 14 题：“你的同学和朋友不愿意从事民族地区急需职位公务员最重要的原因是”，此题为单选题。通过数据分析，我们发现不想到民族地区当公务员最重要的原因依次为：环境艰苦、工作成活条件差（57%），地理位置偏远、交通不便利（19%），工资待遇低（10%），语言障碍、不能正常交流（4%），离亲戚朋友近（4%），非本州户籍考生报考没有优势（3%），倾斜政策不足或未能有效利用（1%），其他（1%），详见图 7-12。综上所述，潜在的急需职位公务员不愿意来民族地区工作的主要原因如下：一是高原气候，工作生活条件艰苦；二是离成都太远，高铁和火车均未开通，交通不便利；三是语言不通和工资待遇差。这三个方面的原因共占到 86%。

通过比对，我们发现调研座谈所获得信息与问卷调查的结果较为一致。座谈会中，我们得到相似的答案，只是对影响因素的相对重视度不同。按重视度排序为：一是条件艰苦，二是语言不通，三是离家远，四是恐惧高原反应，五是家里不同意。

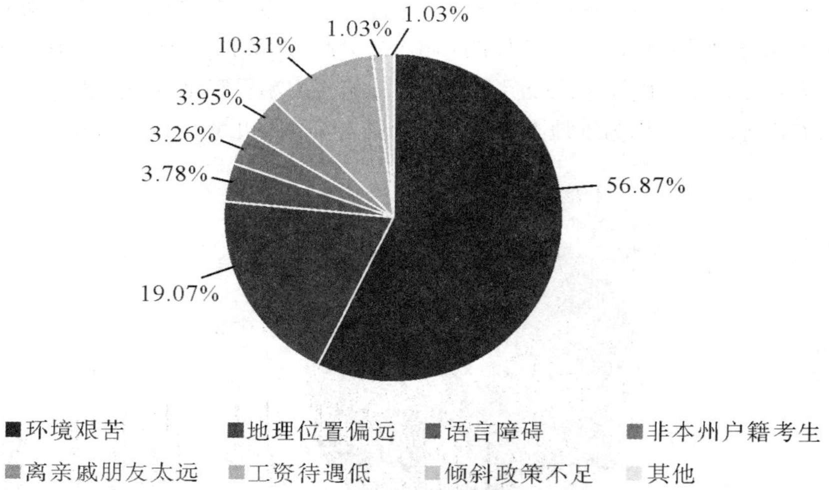

图 7-12　不想到民族地区当公务员最重要的原因

③“专业限制”是急需职位公务员考录存在的最大问题。

调查问卷第 15 题：“您认为民族地区急需职位公务员考录工作存在的最大问题”，此题为单选题。通过数据分析，我们发现急需职位公务员考录存在的最大问题排序依次为：专业限制（36%）、报考条件太高（15%）、招考宣传工作不到位（14%）、报考人数不足（12%）、招考志愿单一（8%）、笔试难以通过（5%）、其他（4%）、开考比例高（3%），详见图 7-13。综上所述，从公务员角度出发，他们认为“专业限制”是急需职位公务员考录存在的最大问题，招录急需职位公务员对专业的严格限制，过于强调专业细化往往造成用人单位招录困难。而一味调整放宽专业设置，又会导致招来的人才与实际岗位不匹配的问题，尤其是业务性强的用人单位（如：会计、水利工程、城市规划等专业）往往无法真正录用到相关专业人才。

我们通过比对，现场访谈用人单位，就此问题得到不同的结果。据数据可知，用人单位认为“报考人数不足”是急需职位公务员考录中存在的最大问题，究其根本，公务员与公务员用人单位立场和视角不同。用人单位更看重“如何吸引和招录人才”，而公务员更看重“如何进入公务员队伍”，两者侧重点不同，所做选择亦不同，充分体现出民族地区公务员招录的结构性矛盾。

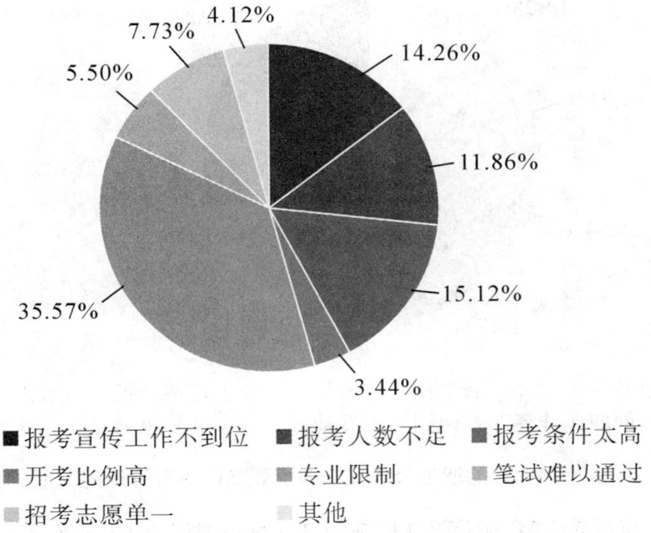

图 7-13 急需职位公务员考录存在的最大问题

④“工资待遇低”是急需职位公务员未来想要离职最有可能的原因。

调查问卷第 16 题：“如果你未来想要离职，最有可能的原因是”。此题为单选题。通过数据分析，我们发现急需职位公务员未来想要离职最有可能的原因依次排序为：工资待遇低、激励不足（25%），环境艰苦、工作生活条件差（23%），有更好的职业选择（16%），家庭要求调离（15%），民族地区工作环境复杂、工作压力大（8%），有机会到非民族地区急需从事公务员事业（5%），晋升空间小、政治愿望得不到满足（4%），其他（3%），详见图 7-14。综上所述，新录用公务员认为“工资待遇低，激励不足”是想要离职的最重要原因，而“环境艰苦，工作生活条件差”为另一重要原因。

通过比对，我们发现调研座谈所获得信息与问卷调查的结果较为一致。此题与 13 题属于互补对应题，13 题问进入公务员队伍的原因，16 题问离开公务员队伍的原因。座谈会中调查公务员离职倾向影响因素时，出现频次最高的词汇是“薪酬”，民族地区因经济发展落后，政府财政薄弱，民族地区公务员工资待遇低。民族地区的公务员虽然在基本工资方面高于内地，但年终绩效远远低于内地。这也致使大部分的急需职位公务员一有机会便想往州外调离，甚至辞职。

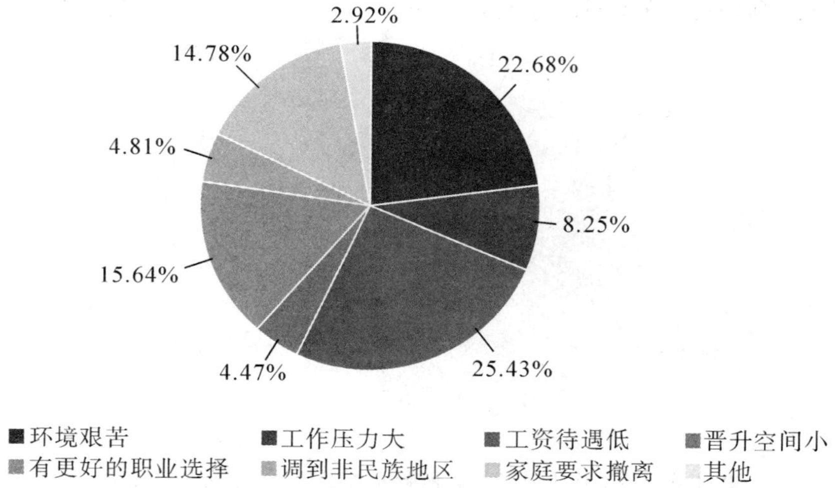

图 7-14　急需职位公务员未来想要离职最有可能的原因

⑤“职位设置”是急需职位公务员考录最需要改进的环节。

调查问卷第 17 题：“民族地区急需职位公务员考录工作，您认为最需要改进的环节是”，此题为单选题。通过数据分析，我们发现急需职位公务员考录最需要改进的环节排序依次为：职业设置（45%）、报考条件（29%）、公告发布（11%）、其他（15%）、面试（4%）、网络报名（2%）、笔试（2%），详见图 7-15。综上所述，新录用公务员认为“职位设置”是急需职位公务员考录最需要改进的环节，且“报考条件”也应着重改进以增加急需职位公务员招录人数。

通过比对，我们发现调研座谈所获得信息与问卷调查的结果较为一致。根据用人单位版的统计数据可知，用人单位认为“报考条件”是急需职位公务员应该改进的环节，其次应积极对“职业设置”予以优化、完善和改进。这与公务员数据结果一致，均要求对“职业设置”和“报考条件”改进，同样我们在座谈会上得到同样的答案，民族地区公务员招录要体现出民族地区特色。

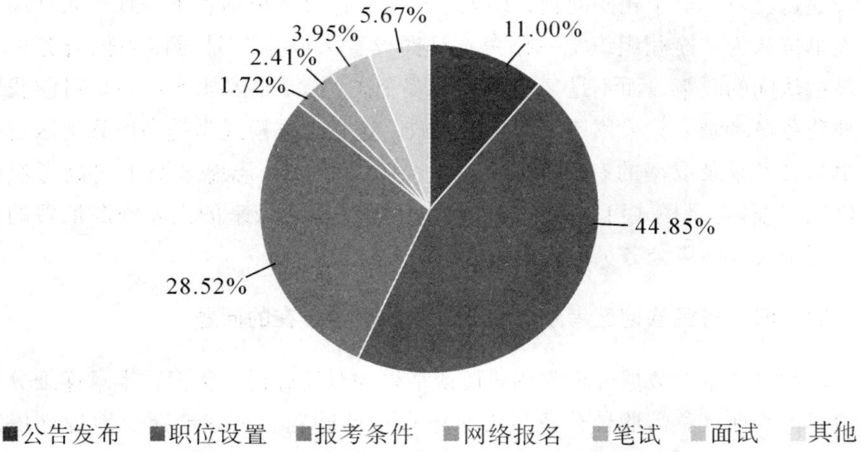

图 7-15　急需职位公务员考录最需要改进的环节

⑥“尝试填报多个志愿”是急需职位公务员考录最被认同的政策。

调查问卷第 18 题：“对于民族地区急需职位公务员考录倾斜政策，您最认同的是”，此题为单选题。通过数据分析，我们发现急需职位公务员考录最被认同的政策排序依次为：尝试填报多个志愿（45%）、全州组织统一招考，打捆设置大职位（25%）、提升笔试成绩（24%）、其他（4%），详见图 7-16。综上所述，急需职位公务员考录最认同的政策是“尝试填报多个志愿”。

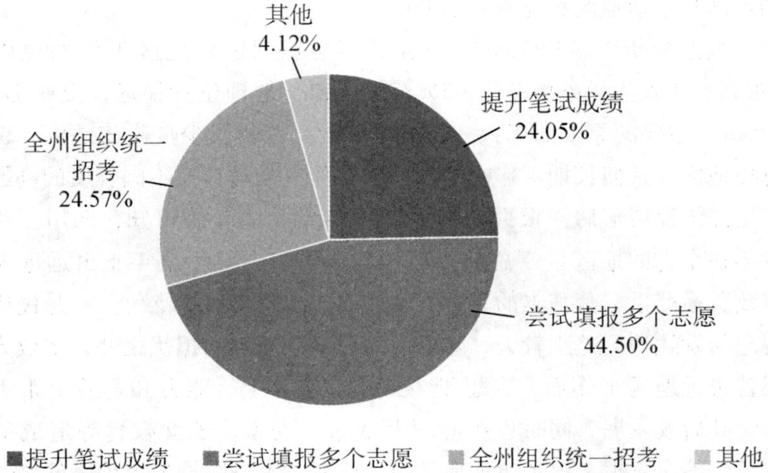

图 7-16　急需职位公务员考录最被认同的政策

通过比对，对于相同问题，用人单位与新进公务员回答不一致。人社局和用人单位认为“全州组织统一招考，打捆设置大职位”是急需职位公务员考录最被认同的政策，而不是“尝试填报多个志愿”。原因如下：一是目前我国各地公务员考录多数采用四级联考的方式，这种考试模式是提高民族地区公务员报名者考录录取率的有效手段；二是尝试填报多个志愿来源于“高考填报志愿”，这种考录模式可以有效解决自由竞争市场下带来的人才资源浪费的现象，利于民族地区公务员引进急需职位公务员。

四、四川省民族地区考录急需职位公务员中存在的问题

通过第二章对数据分析和调研访谈结果的对比分析，我们在本章详细分析四川省民族地区急需职位公务员考录中存在的问题。民族地区受地理环境制约、经济发展限制、个人长远发展考量、自身能力不足等原因，民族地区公务员通过自主考试、外调、辞职等形式外流，严重影响公务员队伍的稳定性。而民族地区公务员考录中招考条件设置、招考渠道、招考程序等与其他地区差异不大，无激励性措施。但艰苦边远地区工作的艰苦性、复杂度、危险性等远远高于其他地区，同等条件下考生报考艰苦边远地区数量明显偏少。因此本章着力聚焦急需职位公务员考录中存在的“引不进”“留不住”等问题。

（一）“引不进”的问题，影响民族地区公务员队伍建设

1. 人才发展环境欠佳，民族地区艰苦边远，自然条件、基础设施、生活条件和水准与发达地区相比有明显差距

通过数据分析，接近 75% 的公务员不愿意到民族地区工作的原因在于“环境艰苦、工作生活条件差”（56.87%）和“地理位置偏远，交通不便利”（19.07%）。主要的原因如下：一是地域限制。三州属少数民族地区，也属高寒高海拔地区，致使长期工作在各战线的工作人员均存在不同程度的高原性疾病。二是经济发展落后。根据 2013—2017 年四川省年鉴可知，四川三州民族地区常年在全省的地区生产总值排名中处于倒数，常年全年支出远远大于收入，财政负债严重，其基本的正常运转主要靠政府转移性支付。三是民族地区思想观念与发达地区差距较大，除对生活环境、质量的担忧之外，多数人才担心到艰苦边远地区工作后，在思维方式上、眼界上、能力和素质上跟不上形势，影响其后续发展，同时也担心对其成家、安家，子女教育等造成负面影响。这导致不愿意报考艰苦边远地区岗位或者考上后跳槽另谋出路的例子比比皆是，逐渐形成当前“招不到人”和“留不住人”的现象出现。

2. 公平性与科学性在民族地区公务员招录中的冲突。“大一统”考录方式不适应民族地区，专业设置、界定缺乏规范的科学依据

目前我国各地公务员考录多数采用四级联考的方式，即省、市、县、乡在同一时间、采用同一种考试方式、统一的考试题目进行笔试，民族地区与各地考录同步进行。众所周知，我国省、市、县乡机关层级不同，对公务员的素质能力要求也不同；公务员职位类别不同，对公务员要求也不同。在保证公开公正的前提下，在招录考试中考试内容和考试难度上应体现出一定的差异性。尤其是民族地区公务员，存在较强的特殊性，在考录的内容和难度应与上一级存在较大差异。这种四级联考方式存在以下问题：一是加大了民族地区基层职位的录取难度；二是报考公务员只有一次报考机会，很多报考省、市公务员的考生，由于省、市的招录职位报考人数多、竞争性强而“高分落榜”，受到当前招录制度限制也无法获得进入民族地区公务员队伍的机会。

44.85%的公务员认为“职位设置”是急需职位公务员最应该改进的环节，其具体的原因如下：一是专业设置无科学依据。由于历年来四川省招录公务员的专业设置都无统一标准，公务员招录部门也无法指导用人单位进行专业设置，而大多数用人单位仅凭感觉或是单位职责来设定所需的专业条件，导致与考生所学的专业不一致，达不到职位所需的条件，所以无人报考。二是职位分类制度没有凸显。《中华人民共和国公务员法》（以下简称《公务员法》）只是将职位分为三个大类别，用人单位没有根据民族地方的职位要求来申报录用计划，加之没有配套的法律规范进行引导，从而也就凸显了诸如不符合民族习惯发展特点等的一些问题。

3. 专业限制两难，报考条件设置太高，宣传工作不到位，民族地区公务员未达到开考比例而取消招录现象严重

经数据分析，35.57%的公务员认为“专业限制”是急需职位公务员考录最大的问题，而用人单位认为“报考人数不足”是急需职位公务员考录中存在的最大问题。近年，为解决“引人难”的问题，民族地区积极采纳《关于做好艰苦边远地区基层公务员考试录用工作的意见》，适当放宽招考专业限制。这项政策意见虽然在一定程度上缓解了“引人难”的问题，但却使专业设置出现两难。一方面，过于强调专业细化往往造成用人单位招录困难。多数艰苦边远地区公务员考录工作开始时处于理想化状态，通过深入调查用人单位需求，在职位设置、专业设置等方面都做得很细，结果发现按小类设置专业进行招录时，由于符合专业条件人数有限，往往招不到人。另一方面，逐渐调整放宽按大类招录，招录的成功率得到明显提升，但是招来的考生专业往往和具

体职位需求又不符合。调研访谈时发现，有些民族地区为了能够招到人，完全不设置专业限制，结果招来的考生多为社科类专业，发展地方经济特别需要的经济、林业、农业、环境等方面的专业人才很难招到①。因此，由于专业限制使“招得到”和“用得上”出现此消彼长的难题。

15.12%的公务员和34.41%的用人单位认为报考条件设置太高是急需职位公务员考录中的又一问题，包括学历、年龄、专业、开考比例等限制，如：学历要求大专及其以上，年龄在35岁以下，专业限制严格，开考比例与内地一致为1∶3。《公务员法》没有对学历做出具体的要求，仅是规定了具有该职位所应有的文化程度和工作能力。该规定的出台本意是要通过提高学历门槛准入来提高公务员队伍素质和为人民服务的本领，但就学历而言，其就是一个学习的过程和接受学习程度的高低，就生活层面而言，学历仅是知识水平的一个参考而不是业务能力的体现。民族地区因其经济发展落后、工作环境差等在引进急需职位公务员较内地没有任何的竞争力，如果不放宽报考条件，则更难引进急需职位公务员。

三州民族地区的人们一直远离城市生活，常年过着游牧生活，对新媒体（微信、微博）等前沿的宣传方式接触甚少，且多年未引进高层次或信息运营管理等急需职位公务员。县级人社局很少到民族高校举办宣讲会，使民族地区宣讲工作开展得片面、刻板，因而本科生不愿意报考民族地区的公务员。

综合以上各种因素，民族地区公务员招录常常出现未达到开考比例取消招录现象严重。2013—2017年，阿坝州招录的公务员中因专业紧缺未达到开考比例，取消招录计划数76名，涉及的专业繁多。其中，招录人民警察涉及的专业有：刑事侦查、法医、英语、弹药工程与爆炸技术、生物、生物化学、心理学、新闻传播学等13类专业；招录公务员涉及的专业有：国土资源管理、水文地质、工程地质环境、历史、食品科学与工程、食品质量与安全、食品科学与工程类、预防医学、临床医学等40余类专业。民族地区本因地理位置在引进人才方面受阻，却因开考比例的限制，把愿意到民族地区工作的人才拒之门外。

4. 招录方法方式待进一步提升，未突出民族地区公务员招录的特点

考试方法和内容缺乏科学性。首先，笔试命题质量不高，缺乏针对性。总体来讲，无论是中央和国家机关公务员录用考试的笔试试题，还是地方各级公

---

① 肖海鹏．提高艰苦边远地区公务员考录科学性与公平性［J］．中国党政干部论坛，2016，330（5）：45-47.

务员录用考试的笔试试题，都存在命题形式单一、试题类型不够全面的问题，在试题结构、题型、分值分布等方面缺乏规范性和科学性。其特点是重知识，轻能力；重公共科目考试，轻专业科目考试。这样的考试偏重于考查机械记忆力，从而容易出现录用高分低能者的情况。其次，面试评判水平低，缺乏准确性。如面试考官素质低，多是一些没有经过专门训练的政府官员，往往把面试测评点放在自己的工作经验和工作偏好上，不具备运用现代测评方式与方法的能力，因而对于面试中测评项目的选择缺乏科学性①。最后，缺乏一套标杆参考体系，适用人才的标准十分模糊。民族地区与非民族地区在文化、语言、风俗习惯、宗教信仰等方面存在显著差异，所以在民族地区开展基层工作要面临更大的复杂性和挑战性，但就目前民族地区公务员的选拔标准来说，并没有对两者进行异化的调整处理，并由此导致了所选拔的人才与某一岗位的人员能力要求严重不匹配。具体来说，就是对民族地区公务员的选拔工作没有进行多因素的考量，比如对如何进行考量、考量的依据是什么、考量的标准是什么都不清晰，所以在人才选拔的过程中，决定人员是否合适是依靠考官的主观意愿，而非科学的选拔标准。

（二）“留不住”的问题，影响民族地区公务员招录工作的推动

1. 借调问题严重，留人机制尚不健全，制度留人难

一是借调问题严重。虽然在相关文件中明确了借调时间和次数，州公务员主管部门在调动和抽调方面也进行了明确和从严把控，但由于民族地区的特殊性，州政府对州内艰苦高原地区执行3年可在州内调动，5年可往州外调动的特殊政策。这一政策虽然在一定程度上体现了政府人性化的关怀，但的确不利于高原地区人才队伍的稳定。同时，下级机关顶不住上级机关借用和抽调的压力，在多数时候仍不得不放急需职位人才进入上级机关。

二是留人机制不健全。三州由于地理位置偏远，经济发展落后，为了解决在考录公务员时“引不进”的问题，大部分机关和乡镇招录对人才要求较高的岗位均不限制户籍要求，但考上的也多为外籍考生。受地方观念影响，外来干部生活工作上有客观困难，且难以解决，一段时期后，要么调走要么辞职，考录到民族地区当公务员成了他们的“跳板”。因此，三州一直受到人才“留不住”问题的困扰，虽然已通过设置服务期限来有效缓解流失率较高的问题，但常年来三州民族地区频繁出现录用到任不足一个月便不顾服务年限也要办理

① 张学慧. 试论公务员考试录用制度存在的问题及对策［J］. 中共山西省委党校学报，2007，30（2）：80-81.

离职手续的现象。地方政府耗资大量招录成本，公务员在看到民族地区的实地环境之后，且由于严重的高原反应，就算离职也要离开，政府部门未有措施和政策对其进行约束。最终致使政府徒劳录用成本，却无人才可用。

2. 薪酬福利低，生活成本高，待遇留人难

一是薪酬福利低。民族地区公务员主要经济收入就是工资。每月有限的工资要承担所有的家庭开支，除了基本的衣食住行以外，子女的教育经费、父母的赡养费用、朋友间的礼尚往来都给他们带来了巨大的经济压力。25.43%的公务员认为“工资待遇差”是他们产生离职倾向的最重要原因。其具体原因如下：一是政治待遇。“职务职级并行”政策和遴选制度均未解决“晋升难”的问题。一方面通过并行制度难以实施。根据中央规定，职级并行要求达到级别19级，任职年限满15年的正科级可享受上级职级待遇。阿坝州在四川省委省政府的关心下，享受获年度考核优秀一次可以减去半年年限且降为10年的政策，但是根据实际情况，如要达到此要求，普通公务员一定要在下级职位上工作满15年，方可进入19级，要年限及级别双到位的这一优惠政策，在一定程度上成为空头支票。另一方面遴选制度要求学历在大专及以上，但阿坝州的公务员大专及以上学历的占比不高，学历直接限制急需职位人才的晋升。二是经济待遇。一方面工资待遇差。民族地区的公务员虽然基本工资高于内地，但年终绩效远远低于内地。如：内地的年终绩效平均为6万元左右，而民族地区的年终绩效却只有1万~2万元左右，前几年甚至只有3 000元。另一方面补贴项目少。民族地区只有民族地区津贴和高海拔折算工龄补贴，高海拔补贴为15元/月，在增加50%后为22.5元/月，调整金额幅度太小。三是福利待遇。实施机关事业单位养老保险制度改革后，退休待遇政策被统一，按原退休制度民族地区的增发政策被完全冲抵。

二是生活成本高。22.68%的公务员把“环境艰苦，工作生活条件差”作为未来想离职的第二重要原因，三州地理位置远离大城市，物质运输成本高，导致生活、教育、医疗、交通等成本均高。一是教育成本高。三州中小学师资力量薄弱，以阿坝州为例，85%以上的公务员将子女送往教育资源更丰富的地区就读，镇上送县上、县上送市上，市上送省上，成都市、都江堰市、绵阳市成为民族地区公务员子女就学的主要地区，除了付出更高的生活成本外，还需要支付高昂的择校费。因此，孩子的教育成本在公务员支出中所占比例最高。据不完全统计，72.64%的红原县干部职工的孩子在内地读书。二是医疗成本高。由于地处高海拔艰苦偏远地区，高水平医务人才生引进困难，医生学历主要是大专、中专，本科学历的医生比例较低，州内的医疗水平落后。据了解，

每年阿坝州的医疗事故发生率远远高于全省的平均值。受恶劣地质环境影响，高原疾病（高原心脏病、高原红细胞增多症、高原血压异常）多发频发，一般家人生病都是送往都江堰就医。三是交通成本高。到目前为止州内高速公路只通到茂县，且并未开通火车或高铁等快速公共交通设施。而子女上学及家人就医均在都江堰市，多数公务员每周往返居住地和工作地。四是住房成本高。该州并未给新录用的公务员免费提供住房，他们大部分需要在工作地自己租房。据统计，红原县平均每个干部职工在外均会购买一套住房，在红原同样需要购买一套住房，以 2013 年为例，全县干部职工用于购房的支出为 7 943 万元，用于租房的支出为 276 万元，占干部职工总收入的 54.48%。五是取暖支出过高。三州处于高海拔地区，气候寒冷，每年的取暖时间达 8~10 个月之久，每年干部职工用于取暖方面的费用支出相当高。六是物价指数偏高。民族地区远离中心城市，生产生活物资运距长、成本高，以至于商品价格比内地高，特别是冬季蔬菜、水果和肉类等生活必需品的价格比内地高出 50%~150%。

3. 男女比例失衡，工作压力大，事业留人难

一是男女比例失衡。由数据统计可知，三州公务员男女比例为 6∶4。一方面从整体角度看，近年来四川省公务员男女比例处于较为合理范围之内，处于平衡状态。另一方面从具体角度看，除特殊岗位和行业（如公安学）外，大多数地区的男女比例失衡，如：马尔康市国土安全局 48 个行政编制，仅有 7 名男同志，其余均为女同志。这使得在维稳应急、自然灾害、防汛抢险、草山药山纠纷工作中显得人员十分紧缺，给工作带来极大困难。

二是工作压力大。在座谈会中，多数民族地区急需职位公务员反映工作压力大。一是工作量大。全州由于急需职位人才缺乏，常常各县之间相互借调使用专业人才，且全州的交通限制，从马尔康市到九寨沟县需用 6 个小时。就法医这一职位来说，目前全州只有 7 个县（市）公安局有法医，在其他无法医的汶川、九寨沟、黑水、阿坝、若尔盖、红原 6 个县公安局，需用法医时，只有借用就近县（市）公安局或州公安局的法医开展相关工作，这无形中增加了法医的工作量，使他们不仅要承担本单位工作，还要“被分享”给其他公安局。有时因工作任务重，时间紧，他们只能以超负荷运转、连轴转的方式来满足工作需求，常年处于饱和的工作状态，常常开启“5+2”“白加黑”的工作模式，部分公安急需职位人才因不堪重负而选择调离。二是编制数少。自从 1993 年全国统一划分各地区编制数后，再未重新调整分配编制数。以阿坝州为例，虽然在服务人数上较内地少，但服务面积大。如：红原县阿木乡，服务

人数虽只有3 000人，但服务面积为900平方千米，而却只有25个编制数。

4. 综合素质待提升，教育培训机制不健全，人才梯队形成难

一是民族地区急需职位公务员整体素质偏低。其主要的原因如下：①从学历层次看。44.87%的民族地区公务员为大学专科学历，其学历层次较低、专业知识缺乏。很多民族地区急需职位公务员主要凭借经验和主观性处理专业实务，由于对新技术不擅长，其内心对先进的电子化办公和现代化管理软件存在抵触心理，使他们在工作专业技能，处理政务、实用现代信息化行政文件等方面处于落后状态，从而限制了民族地区公务员队伍的整体工作能力和工作效率。②从填写问卷看。我们在对民族地区回收的数据进行录入过程中发现，有较多的问卷填写者不能理解题意且乱填漏填现象严重，使本次有效问卷率只有90%。③从文献分析看。课题组查阅了多份有关民族地区公务员的问题研究等相关论文，许多文献显示民族地区公务员因学历结构的不合理导致队伍整体综合素质偏低。

二是教育培训机制不健全。近年来，三州各级机关均通过各种形式对急需职位公务员进行了一定程度的教育和培训，但却存在培训内容不全面、深度不够和培训时间少等问题。三州现有的急需职位公务员所要求的业务能力深度、专度、精度均高，但由于州内的财政能力与教育师资力量较弱，不能及时为专业技术性人才“充电”。全州的教育培训机制并未常态化，每年的培训内容和时间并未有相应的培训手册和相关成文制度。

第三节　民族地区公务员队伍专业技术人才长效发展对策

为了实现四川省区域的协调发展，针对民族地区公务员招录存在的“引人难”“留人难”的问题，2014年9月，中共中央组织部、人力资源社会保障部和国家公务员局印发了《关于做好民族地区基层公务员考试录用工作的意见》，就落实党的十八届三中全会决定提出的“关于完善基层公务员录用制度，在民族地区适当降低进入门槛”的改革要求制定了具体措施。文件的出台对于完善公务员录用制度，加强基层公务员队伍建设具有重要的意义。但是同时也带来社会上的担心，如会不会滥用这些降低门槛的措施，如怎样保证考试的公平公正。应该说，公平公正是考录制度的生命线。为了保证在民族地区降低招录公务员门槛的政策不被滥用，一是要求各地坚持凡进必考，不得简化

考录程序，坚持招考工作全程公开透明，增强考录工作的公信力。二是严格控制降低进入门槛政策的适用范围，要求各地对民族地区的界定及对于职位资格条件的设置，要实事求是、科学规范，从严把握。三是进一步加大监督检查的力度。各地根据文件，结合当地实际制定降低门槛的具体实施办法，要报中央公务员主管部门备案，中央公务员主管部门也要在适当时候开展一些专项的检查，确保相关政策不会被滥用。本课题围绕国家和四川省公务员局相关政策精神，从解决“引不进”“留不住”两个角度入手，提出八条建议对策，希望对四川民族地区急需职位公务员招考有一定的借鉴意义。

一、解决“引不进”问题，促进公务员队伍健康发展

根据问卷统计数据可知，课题组共收到 732 条建议，其中人社局 46 条，用人单位 156 条，新录用公务员 530 条。通过归纳总结成 78 条建议，并根据词频率对其进行排序，提取人社局和用人单位、新录用公务员排名前五的词条为建议部分做参考。详见表 7-11 和表 7-12。

表 7-11　人社局和用人单位建议词条排名前五

排名	编码	词条	频率	词频率/%
1	1	提高经济待遇和补贴，政策向民族地区倾斜	47	23.27
2	2	定向招录本地户籍公务员	16	7.92
3	20	解决编制过少的问题	11	5.45
4	10	提高民族地区公务员的综合素质	9	4.46
5	22	解决住房住宿问题	9	4.46

表 7-12　新录用公务员建议词条排名前五

排名	编码	词条	频率	词频率/%
1	1	提高经济待遇和补贴，政策向民族地区倾斜	182	34.34
2	3	放宽专业限制	36	6.79
3	26	放宽报考、招录条件	26	4.91
4	22	解决住房住宿问题	18	3.40
5	43	加强公务员招考的宣传工作	18	3.40

（一）完善宣传机制，拓宽招录渠道，尝试平行志愿填报，引导青年人才树立扎根基层的理想信念

首先，完善宣传机制。当前，大学生的就业观念偏向去“北上广”发展，全社会要积极引导和鼓励广大青年到民族地区建功立业。一是民族地区公务员管理机构可利用高校办宣讲会的契机，着重对本地户籍和本地学校进行实地宣传相关倾斜政策；二是运用互联网、移动传媒等新媒体手段进行宣传；三是在本州本县通过横幅、LED 标语、宣讲等形式持续影响青年人才的观念，改变他们的认知，帮助他们了解招录信息和政策。

其次，拓宽招录渠道。一是招考政策宣讲会进入校园；二是加大定向招录大学生村官和服务基层项目人员的比例；三是面向优秀基层一线工作人员招录公务员县乡机关从政治素质过硬、具有基层工作经验、了解基层工作实际和困难的基层一线工作人员中招录公务员；四是从拟退役士兵中定向招录公务员；五是定向从事业单位中招录一定比例的急需职位公务员。

最后，尝试平行志愿填报。在引进急需职位公务员的倾斜政策中，44.91%的用人单位和 44.50%的公务员最认同的政策是“尝试填报多个志愿”。一是可在初试时同时填报 3 个平行志愿，在复试时因时间冲突而不能参加面试的情况由考生负责；二是录取工作可借鉴全国硕士研究生入学考试中的复试形式，如考生并未成功被某用人单位录取，可申请州内调剂，其他未招满的用人单位可再次面试被调剂者，确定是否录用。

通过以上三项措施，积极引导和鼓励广大青年到艰苦边远地区建功立业，大力宣传就业基层、扎根基层理念，帮助大学生了解招录信息和政策，引导青年人才树立到基层建功立业的就业观念，吸引应届高校毕业生报考基层公务员。

（二）针对民族地区特性，合理设置考试科目和内容，提升招录测评手段科学化

纵观我国公务员考试科目和内容，根据职位本身的要求为中心来进行设计和安排的联系性不强。根据民族地区公务员的实际情况和要求，合理设置考试科目和内容，更加科学地对待公务员考试的科目设置和命题，明确精神、考察范围、考察意图及考察目的条件，既避免考察范围过于宽泛、考试重记忆轻能力以及偏题怪题等降低试卷信度效度的情况出现，又可以拉开考生的层次、区分度，从而便于民族地区政府机构挑选更加合适的人才。例如，民族地区公务员需要面对群众的民族特点、生活习惯、民生民俗，这都要求公务员无论是工作内容还是工作方法都要在动态中不断发展变化，不仅传统的笔试和面试需要

不断发展和完善，还需要采用新的综合性考试方法，如品能测验法、无领导小组法等。新的考试方法比传统方法更科学、客观、公正，不仅增加了面试比例，而且采用各种不同的测验项目，提供不同有价值的数据；不仅注重显现才能的测验，也注意潜能的发掘；不仅注重民族知识的掌握情况，还注意个人在实际工作中的地位和表现。不仅注重基础理论和专业知识测验，还注意实际工作能力以及应变、适应能力的测验。

（三）规范专业设置和专业界定，放宽开考比例，针对民族地区特殊性单独招考

首先，规范专业设置和专业界定。一是建议国家公务员主管部门针对公务员招录，统一出台具有指导意义的专业目录或规范要求，使公务员招录工作在审核专业时有据可依、有章可循，避免各地标准不一、各行其是。二是建议国家公务员对专业技术公务员有一个明确的界定范围，哪些是属于专业技术公务员，哪些不是，便于各级公务员主管部门规范操作，更有利于推动公务员招录工作的开展。

其次，放宽开考比例。一是对于州内较为容易招录的急需职位人才设置省级统一规定的1∶3的开考比例，尽可能保证招到的人才有较高的学历和综合素质，进而提高全州公务员队伍水平和质量。二是对于连续2~3年均未达到开考比例而被取消的专业，可以直接不开设开考比例，给予想进入民族地区工作和奉献的急需职位人才机会，进而解决“引人难”的民族地区焦点问题（谭凌斐，2018）。

最后，民族地区特殊性单独招考。民族地区单独招考急需职位公务员可以采取三种方式：一是参加地区四级联考。针对民族地区（高原地区）单独划定分数线，略低于平均分数线，让更多考生能够入围；同时给考生填报“第二志愿”的机会，让那些“落选”的高分优秀考生有进入民族地区基层的机会。二是参加省级四级联考。划出特定职位给特定对象，比如退伍士兵和企事业单位专业人员，单独组织定向招录人员考试，进一步增强考试选拔的针对性和实效性。三是不参加地区四级联考，民族地区单独组织考试。针对民族地区不同区域实际情况，深入进行职位分析工作，根据民族基层地区对公务员能力素质的需求设定考试科目和考试内容，将经济常识、农业知识、林业知识以及当地风土人情、民族风俗习惯、解决实际问题能力等融入考试内容。

（四）结合当地实际，规范选拔流程和制度，进一步提升公务员招录的公平性

能否选拔符合某一岗位需求的民族地区公务员，使得人岗匹配，选拔流程

的合理性和体系的完善性起着决定作用。结合当前民族地区公务员选拔培养的现状，必须引入能力素质模型的各项具体指标到选拔的具体流程中，具体程序如下：第一，对基层公共部门的不同岗位进行详细的岗位分析，确定不同岗位的职责与权限并编订岗位说明书；第二，通过相应机构向社会发布选拔公告并接受个人的报名登记表进行审核；第三，依据国家公务员考试的第一轮成绩，确定进入第二轮考试人员名单；第四，选择测评的方式，可以采用笔试、无领导小组讨论以及行为事件访谈法，在此过程中深入挖掘考生的显性和隐性个人能力，通过多种方式进行系统测评，为考生的选拔提供科学、合理的依据，并对考生进行必要的背景调查，宣布面试者名单；第五，面试考官依据已经制定好的评分表和评估表，结合面试者的现场表现（面试采用非结构性面试及DISC性格测试）选出优秀者；第六，组成临时工作小组，对被淘汰者进行重新编组进行以上程序，深入挖掘，以免错失人才（不一定要选拔出人员）；第七，通过以上程序最终确定选拔人选并发布公告。在这套详细的选拔程序中，需要注意的是对选拔对象的认识，在整个过程中需要认真考察考生对民族知识和地域的熟悉程度，对那些既掌握了一定的理论知识又对民族地区感兴趣或了解的考生应给予更多的关注。与此同时，要更加完善公务员考试录用监督体系，采用党内监督、行政监督、群众监督和舆论监督等多种监督形式，构建多层次、多方位、全面的公务员考试录用监督体系，重点通过制度予以监督。

二、解决“留不住”问题，促进招录工作良性循环

（一）从严抽调制度，提高离职成本，规范制度留人

首先，从严抽调制度。针对基层优秀公务员被频繁借调的情况，可以建立更加严格的抽调制度，降低抽调的随意性。一是按照干部管理权限，由市、县两级公务员主管部门每年定期组织统一抽调并选派人选，在借用人数、借用时间、审批程序等方面从严把关，各部门不能随意抽调干部。二是入选资格条件按中央、自治区相关规定严格把握，以保持民族地区公务员队伍的稳定和工作力量①。

其次，提高离职成本（何颖，2001）。一是新进急需职位公务员一旦录用并已办理入职手续的，应严格遵守规定的服务年限，未到服务年限就离职的人员，应付一定的赔偿金，并且5年内不得参加公务员、事业单位考试。二是服

① 中共广西防城港市委组织部．防城港市艰苦边远地区基层机关公务员队伍建设情况分析[J]．人事天地，2016（10）：18-23．

务年限未满就调任者需支付一定数额的赔偿金，并记录在册，日后晋升机会受限。通过多种举措完善制度，进一步规范制度留人。

（二）完善各项激励机制，解决“留人”的后顾之忧

1. 完善政治激励机制

一是取消“职务职级并行”的双重标准。针对少数民族地区职级并行只遵循一个标准，或是任职时间，或是级别要求，使其标准统一化、唯一化（曹永胜，2013）。二是职级并行不受二次限制。打通公务员晋升通道，提高他们的积极性，增加他们对党和政府的归属感、荣誉感、社会认同感，彰显公务员价值。三是放宽民族地区公务员遴选的学历限制。将学历要求降低至中专，使更多的民族地区公务员可以通过遴选的形式晋升，提高其工作积极性。四是给予其较高的干部级别。事业单位引进具有硕士研究生及以上学历学位、中级以上专业技术职务任职资格的人才或“985”“211”高校急需职位毕业生，可以适当调整其进入之后的干部级别，给予其比在其他地区较高的干部级别，将有利于留住急需职位人才。五是给予急需职位人才更多更好的机会。对站在行业科技前沿、掌握关键核心技术、为我州创新驱动转型发展做出突出贡献的高层次和急需职位人才，可按一人一策、一事一议的方式给予特殊支持。另外，可给予紧缺公务员在服务期满后，优先升调和晋升的机会。

2. 完善经济激励机制

一是增加民族地区的年终奖金（李劲峰，乌梦达，孙飞，2018）。政府可通过转移支付按民族地区的服务面积、服务人数、工作条件对各州、市、县划定不同的年终绩效奖金，以缩小与内地的差距。二是给予安家费和住房补贴。基层事业单位引进副高级职称及以上专业技术人才，可以采取特设岗位方式到岗即聘。通过考试、考核等方式新录用、引进到基层的急需职位人才，在试用期满考核合格后，各市、县可以给予安家费和住房补贴。三是提供岗位激励资金。人才岗位激励资金发放遵循“就高不就低、不重复享受”的原则，已享受人才岗位激励资金（津贴）的各类人才，可按标准补差发放。四是恢复四川藏区的御寒费和取暖补贴。五是适当提高高海拔地区工龄折算补贴标准，建议由现行的每年 22.5 元提高到 50~100 元，给予民族地区公务员情感关怀。

3. 完善福利激励机制

一是实行专项编制管理。高层次和急需职位人才实行分级专项编制管理，机关事业单位从州外新引进全日制硕士研究生及以上学历学位或副高级及以上职称任职资格的高层次人才，若本单位无空缺编制，可按程序申请使用人才专项编制。二是配偶就业安置。其配偶就业安置坚持双向选择为主、统筹调配为辅的原

则，根据引进人才配偶原就业情况及个人条件进行安置。原属国家公职人员的，按其对应身份转任调动到相应单位工作；非国家公职人员，按相关规定给予小额担保贷款扶持、职业技能培训补贴等优惠政策。三是子女择校入学。州外急需职位公务员的子女可以在州内公立中小学免费就近选校就读，内地学校（初中、高中）定向招录民族地区户籍的学生，并取消民族地区学生到内地就读的择校费，减少公务员的教育成本。四是急需职位公务员可享受由组织部门、人社部门每年组织一次免费健康体检。五是设立民族地区专项医疗财政补助项目，提高医保报销比例，并为民族地区百姓到省市级医院开通绿色通道，方便不熟悉网络约号流程和到省级医院就医流程的老百姓。六是统筹实施“安心工程”。按照州委、州政府的统一安排，坚持“州级统筹、县为主体”原则，分期分批完成县、市“安心工程”建设任务，改善基层特别是民族地区乡镇干部、急需职位人才的工作、生活环境，统筹完善办公、医疗、住房、食堂、水电、通信、学习等公共服务和生活设施，为基层急需职位人才提供较好的工作、生活和文化需求保障。七是建立民族地区公务员提前退休制度。按照“党政机关、群众团体、企业、事业单位的干部男年满 60 周岁，女年满 55 周岁，参加革命工作年限满 10 年的应当退休。全民所有制企业、事业单位和党政机关、群众团体工人，符合男年满 60 周岁，女年满 50 周岁，连续工龄满 10 年应当退休；从事井下、高空、高温、特别繁重体力劳动或者其他有害身体健康的工作，男年满 55 周岁，女年满 45 周岁，连续工龄满十年的可以退休”执行提前退休。

（三）重视民族地区公务员的再培养，全面提升公务员队伍的综合素质

民族地区公务员工作任务重，很大程度上是由于人力资源的缺乏。在设法招录引进新进公务员的同时，还需通过多种渠道提升现有民族地区公务员的业务能力和工作敬业度，通过实践来不断地加强对公务员理论知识的理解，促进公务员队伍的全面发展。第一，重视公务员的培训工作。基层行政机构必须要认清开展民族地区公务员培训工作的重要性，联合其他单位做好培训前期工作，如向相关单位进行培训工作学习探讨、定期对人员进行“提高自身能力素质，跟上时代潮流”的思想教育，并进行训前沟通，以便让民族地区公务员能在工作中不断认清自我、清空自我，端正学习态度。第二，加强在岗培养机制。一是实行“传帮带”培养机制。积极推动经验丰富的民资基层干部通过师傅带徒弟的形式，加快新员工快速、高效地熟悉民族工作。二是开通网络教学课程。基层工作杂而多，事务烦琐，工作时间不规律，通过推行网络课程，既可节约培训时间，又可学习新知识。三是建立“社会—基层双向学习机制”。加大培养藏区现有的优秀专业人才，采取组织到高等院校进修深造、到上级业务对口部门跟班学习、请相

关行业专家、学者到本地授课等方式，加大培养力度，使其成为本地区的学科或行业领头人。把专业性能力素质较高的干部，作为岗位指导性典范，为专业性人才提供业务指导。四是实施人才援助工程。全力支持选派援助的专家、优秀专业人才到藏区开展援助工作，对参加援助藏区的专家、优秀专业人才从工作和生活上给予全方面照顾。省政府可每两年往民族地区选送急需职位公务员数名，帮助民族地区旅游经济建设。五是增加行业培训次数，特别是对专业性较强的城乡规划、建筑工程管理、工程造价、会计、行政文秘等进行轮训。在借鉴其他领域或部门的培训计划的基础上，依据该群体的能力素质模型相关指标要求，制订清晰的培训计划（包括知识、技能、态度、思想等方面落实职业素养和能力培训）。第三，重视岗前培养机制。一是着重培养新进急需职位公务员的双语能力，即藏语和汉语。二是聘请优秀民族干部现身说法传授经验，创新培训形式和机制。三是开设心理教育课程，疏导新进公务员因工作环境和工作内容不适应所带来的负面情绪。四是开设专业培训项目。各机关部门应根据岗位需要对新进专业性公务员完整系统地开展专业培训，如：刑事侦查、法医、英语、弹药工程与爆炸技术、生物、生物化学、心理学、新闻传播学、药物化学、计算机应用、汽车检测、交通管理类、公路运输与管理类等专业。第四，完善自主培养机制。一是引导和支持省内高等院校，结合实际，提前动态调整学科专业设置，加快培养基层民生所需、产业急需的应用型人才。二是深入实施国家免费师范生、农村订单定向免费医学生项目，逐步扩大招生规模，为基层定向培养教育、医疗卫生、农林等领域急需职位技术人才。

（四）限定本地户籍招录，特殊岗位直接限定男性

首先，限定本地户籍招录。一是对于综合管理类等供过于求的专业应直接限定本地户籍，以稳定民族地区公务员队伍的稳定性。二是对于急需职位等高技术性专业公务员，可根据最近几年的招录情况，确定是否定向招录本地户籍。三是对于急需职位等高层次专业公务员，应不限定本地户籍，以便招录到民族地区实用性人才。

其次，特殊岗位直接限定男性。一是若本单位的男女性别失衡现象已经严重影响日常工作的开展，可以直接限定性别。二是对于艰苦边远（高原地区）职位、高危职位可以直接限定男性。三是若本单位招聘人数较多的情况下，可以直接限定男女比例和人数。男女比例失衡问题切勿操之过急，应循序渐进，给予社会和舆论接受的时间（边仕英，2007）。

近年来，四川省的成都、德阳、绵阳、资阳、遂宁等地经济发展较快。但与此同时，也消耗了大量的生产要素资源。随着这些地区经济总量的不断增

大，资源对其经济社会的发展形成制约。然而四川省三州地区（即甘孜藏族自治州、阿坝藏族羌族自治州和凉山彝族自治州）总面积为 29.6 万平方千米，人口 600 多万人。三州地区属少数民族聚居区，地处高原，地理位置偏远，交通不便。自然条件较为恶劣，道路、电力和通信等基础设施薄弱，经济发展相对落后。与四川省其他地市相比，三州地区有望成为四川经济发展的新动力。近年来，四川三州地区发生了翻天覆地的变化，基础设施状况大为改观，但欠发达问题依然突出，行路难、饮水难和用电难等问题尚未得到根本解决，基础设施建设还跟不上经济发展的要求（贺彦纳，2017）。

四川省三州经济情况不同，州情也不同。四川省的甘孜、阿坝、凉山三州是贫困人口集中的地区，农村居民收入水平较低。2016 年上半年，四川省农村居民人均可支配收入为 5 862 元。其中，阿坝州农村居民人均可支配收入为 4 085 元，在全省排名第 18 位；凉山州农村居民人均可支配收入为 3 614 元，在全省排名第 20 位；甘孜州农村居民人均可支配收入为 2 571 元，在全省排名最后一位，远低于全省平均水平。因此在人才的培养和招募上也应该提出一些针对性的建议，以凉山州为例，凉山州人才市场经过多年的发展，积累了一定的经验，但目前为止，其人才市场建设速度仍然比较缓慢，凉山州十七县、市中，建立人才市场的也屈指可数，所以，对于凉山州而言，首先需要做的就是发挥好人才市场的积极作用。

第四节　建设民族地区公务员队伍专业技术人才长效发展机制

只有精准把握新时代人才工作的大势，才能更好地释放人才资源活力，保持新时代人才工作的大局观、战略观和发展观，促进人才在各地区的协同发展，进而带动城乡、区域、行业和不同所有制之间人才的协调（牛胜珍，2013）。欠发达地区的公务员队伍建设是我国公共人事管理研究的重要方面，作为专业技术人才的政府工作人员，他们的能力、素质直接关系到服务基层人民的水准（郭煜红，2011），所以研究如何引导有能力的优秀人才走向基层，并在一定阶段的工作后继续留在基层是具有重要意义的。

一、重新确立四川民族地区人才战略的指导思想

（一）从战略的高度来认识和对待四川民族地区的人才问题

民族、宗教无小事。在处理民族、宗教问题时，民族干部和当地知识分子

往往是决定性的因素。因此，解决好四川民族地区的人才问题，其意义就绝不只是人才本身的意义，甚至也不只是事关当地经济发展的问题，而是事关民族地区稳定和国家安全的具有全局性和战略性的重大课题。这一课题在国家实施西部大开发战略的历史条件下，在当前复杂多变的国际形势和我国面临的周边环境下，更加具有紧迫性。因此，必须从战略的高度来认识和对待四川民族地区的人才问题，结合西部大开发战略的实施，重新确立四川民族地区的人才战略①。

（二）应该充分注意和照顾四川民族地区及其人才的特殊性

四川民族地区既是少数民族聚居区域，又是长江上游的国家生态屏障和西部欠发达的区域，区位条件差，环境恶劣，现代化建设所需人才极其短缺。四川民族地区人才在来源、结构和人才素质方面具有特殊性。在人才来源上，主要由本地人才组成，外来人才较少。在人才结构方面，主要由思想政治专业和中低学历和职称构成（卢晓明，2017）。在人才素质方面，对民族地区的各级各类人才又有较高的特殊要求：首先必须要有我党民族理论、民族政策、宗教政策的知识和素养；其次要有现代科学知识和技能；最后还必须要有民族感情，才能够胜任和搞好各项工作②。在确立四川民族地区的人才战略时，必须充分注意和照顾上述特殊性，才能使人才战略具有针对性和务实性。

（三）立足现有人才的培训和继续教育，是民族地区最现实的人才战略选择

实践证明，“外来的和尚好念经”在四川民族地区并不完全适用。而现有本地干部和知识分子，则几乎都是扎根当地的“永久牌”人才。这是难能可贵的特点，也是四川民族地区人才战略选择的依据之一。在引进外来人才难的情况下，要培养积蓄的高层次人才，只能着眼于本地人才的开发与提高。所以，在引进人才困难、安置人才困难、留住人才困难的现实条件下，立足于本地现有人才的培训和继续教育，是最现实的战略选择。因此，充分重视现有人才的继续教育问题，对现有本地少数民族干部和专业技术人员实施继续教育工程，对于培养一支符合西部大开发要求的创新型、“永久牌”人才队伍，具有十分重要和紧迫的意义。

---

① 庄万禄，来仪. 加入 WTO 后四川民族地区面临的人才挑战 [C] // 第十一次全国民族理论专题学术讨论会论文集，2002.

② 庄万禄，来仪. 民族地区教育现状与对策研究：以云南，贵州，四川三省为例 [J]. 西南民族大学学报（人文社科版），2002，23（5）：21-31.

（四）在特殊的时期对特殊的人群，采取特殊的人才政策

所谓特殊时期是指西部大开发实施的初期。一是西部大开发这个重大机遇时期，急需一大批各类高级人才。二是西部大开发处于知识经济、信息时代，开发的方式是可持续发展，开发的主要任务是生态资源环境的保护与建设，知识更新周期速度加快并适应西部大开发的要求。三是目前西部尚不具备产生“孔雀西北飞”的区域时间效应，在一定时期内还只能依靠西部自身来解决人才稀缺问题。

所谓特殊人群即指四川民族地区的干部和专业技术人员。一是这些人才急需培训和提高，但在短时期内还难以适应全国一刀切的高层次人才培养规则。二是硬性规定考试外语和高等数学，对西部民族地区（除自然科学外）有多大的现实意义和可行价值是值得研究的问题。其结果，既是社会成本的又一种巨大浪费，同时又成为限制现有少数民族人才深造提高的瓶颈。三是客观地讲，民族地区现有干部素质的低下是民族地区教育落后的客观反映，并非主观原因造成的。体制性原因的后果不应该由社会成员个体来承担。

所谓特殊的政策，就是在特殊时期和特殊区域，针对特殊人群采取特殊照顾性政策，为四川民族地区的干部和专业技术人员的继续教育创造必要的条件。某些企业或单位评审职称时会采取“老人老办法、新人新办法”等一系列特殊政策，以便实现尽可能的公平，所以在对民族地区的某些考核中就可以省去一些非必要的规定①。

二、优化民族地区人才队伍的建设环境

随着经济全球化和人才竞争全球化的客观需要，借鉴发达国家专业技术人才法制建设的经验，建立以人才培养、人才集聚、人才使用、人才激励、人才辐射为主要内容的分系统多层次的政策法规体系，是建立宽松和谐的政策环境的重要保障。要实现专业技术人才管理法制化，关键是要依法行政，要把专业技术人才政策立法纳入重要议事日程。只有依法行政，才能实现各类专业技术人才管理规范化、科学化。只有依法行政，才能克服随意性、主观性，切实保障专业技术人才的各项合法权益。建议国家尽快出台具有法律约束力的专业技术人才政策法规，如《科技人员法》《科技干部管理条例》等，逐步建立专业技术人才培养、使用和引进，人才市场配置合理有序流动，继续教育和社会保

---

① 董玉梅，庄万禄，杨泽群，等．论四川民族地区的人才战略选择［J］．西南民族学院学报：哲学社会科学版，2002（9）：5-10.

障等方面的政策法规体系。逐步形成与社会主义市场经济体制相适应的专业技术人才政策法制环境，推动专业技术人才政策环境建设逐步走上制度化、规范化和法制化的轨道。

思想是行动的先导，没有观念创新，工作创新就迈不开步子，机制创新就会成为一句空话，毫无意义。坚持科学发展观，加强专业技术人才的政策环境建设首先就应在全社会广泛宣传科技和人才的重要作用，使各级领导干部牢固树立“科学技术是第一生产力”“人才资源是第一资源”“综合国力的竞争实质是人才的竞争”的思想，牢固树立大人才观念、市场观念和人才法制观念，进一步增强专业技术人才政策环境建设的紧迫感和责任感，增强主动性和自觉性。这一点尤为重要，而关键的是要把人才观念融于领导干部的思想，化为自觉的行动。

组织部门是实施专业技术人才队伍宏观管理的主体，对专业技术人才队伍建设负有不可推卸的责任，要依托知识分子工作领导小组和党政各有关部门，形成组织部门牵头抓总，统分结合、高效运作的管理机制。宏观管理内容应与研究制定政策、调控人才队伍结构、满足社会需求、掌握杰出人才资源信息为主。同时要克服计划经济体制下形成的惯性思维，树立社会主义市场经济观念，转变工作职能，下放事权，凡是属于社会能办的事交给社会，市场能够调节的赋予市场，企业自主的归还企业，真正做到宏观管住，微观放活。

各级党政一把手都要亲自抓第一生产力，是党中央对各级领导提出的明确要求。加强专业技术人才政策环境建设能否抓出成效，关键要明确各级党政领导干部的责任，尤其要明确一把手是专业技术人才队伍建设的责任主体，实施党政一把手抓第一生产力目标责任制，把专业技术人才政策环境建设列入各级党委、政府及党政一把手的工作目标，作为领导干部政绩考核和提拔任用的重要内容，严格检查，严格奖惩。在全社会真正形成“不抓专业技术人才队伍建设的领导不是称职领导”的导向，确保专业技术人才政策环境建设目标到位、责任到位、落实到位。

三、完善民族地区人才队伍的体制机制

只有把人才资源开发置于经济和社会发展的大系统中来思考，真正树立起“大环境”观，积极营造并不断优化人才环境，人才的智力才能得以提升，活力才能得以增强，创造力才能得以迸发和凸显[①]。加强对各类专业技术人才政

① 张林祥，杨程富. 科技人才政策环境建设研究［J］. 经济体制改革，2001（1）：22-27.

策的研究，形成比较系统的专业技术人才政策体系，建议成立全国知识分子工作研究会并成立专业技术人才政策研究所，联合各级知识分子工作者、各级领导干部、各类专家积极参与专业技术人才政策的研究，从专业技术人才队伍建设的各个方面开展专项研究，逐步形成国家人才前瞻性理论研究中心是专业技术人才环境建设的重点。特别是要认真总结我国专业技术人才队伍建设的经验，紧紧围绕人才工主旋律，加强人才开发案例研究，推动创新政策的改革实践，建立若干个人才制度改革试验区，将有突破性和前瞻性的人才新政策、新思路先在试验区中试行，在实践中不断创新，在实践中不断完善。我们认为当前专业技术人才政策的研究应着重在以下几个方面①：

（一）建立可持续发展的培养机制②

教育是人力资源开发的重要因素（程宽鑫，2003），因此，在民族地区开展人力资源开发培养工作，必须具有针对性并做好科学规划，具体操作中必须以素质教育为基础，以科技教育为重点，以技能培训为抓手，逐步完善理论教育和生产实践相结合的科学教育基地建设，进一步推动人力资源开发与教育机制的完美融合（赵亮，万顺福，2005）。基于此，民族地区相关政府职能部门应该大力推行地区教育事业，明确教育工作对地区人力资源开发的重要性。大力发展民营教育机构，形成以国家教育机构为主、民营教育为辅的良好人才培养教育格局，全面提升劳动者的职业素养、生产技能，注重教育和科技双向发展，为民族地区储备更多、更优秀的人才③。同时，要建立可持续发展的培养机制，必须按照“统筹城乡发展、统筹区域发展、统筹经济社会发展、统筹人与自然和谐发展、统筹国内发展和对外开放”的要求，实施适合人才发展的方针政策，建立促进人才发展可持续发展的机制，营造吸引人才的空间，建设统一开放竞争有序的现代人才市场体系。

1. 实施杰出科学家培养计划

科学的本质是创新。当今科技发展越来越快，一个民族如果没有创新就一定会落后。应立足于占领世界科技前沿，本着“有所为、有所不为”的原则，围绕发展战略目标，有目的、有计划、分类分学科遴选一大批素质优良、在某一领域已取得一定成就、有发展潜力的优秀青年专业技术人才，进行系统的培

---

① 周晓云．四川省专业技术人才队伍建设的现状与对策［D］．成都：电子科技大学，2009.

② 张林祥，杨程富．关于科技人才政策环境建设的研究［J］．高等教育研究（成都），2001（4）：4-9.

③ 孙智勇．试论少数民族地区人力资源的政策性开发：以四川省凉山州为例［J］．人才资源开发，2018（4）：29-30.

养，使他们尽快成长为权威的科技帅才，赶上超过国内或者世界先进水平，成为四川省科学技术的中坚力量。

2. 实施继续教育工程

继续教育包含两方面内容：一是政治理论的继续教育，主要是要经常对专业技术人才进行邓小平理论和党的基本路线教育培训，加强思想政治工作，引导广大专业技术人才树立正确的世界观、人生观和价值观，坚定理想信念，发扬“两弹一星”精神，自觉报效祖国，服务人民。二是强化对专业技术人才“新理论、新技术、新技能、新信息、新知识、新方法”的培训。实行继续教育证书制度，强化专业技术人才不断更新知识，增强创新能力，全面提升综合素质，以适应新形势和新任务的需要①。

3. 实施综合型人才培养计划

深入理解和贯彻落实西部大开发战略和人才强国、人才强省战略，牢记人才是国家和地区社会经济文化等发展的重要资源。当前，我国面临的最主要问题就是没有一批系统的、综合型的人才，不能成为真正解决问题的人，这难以增强我国的综合实力和国际竞争力。所以，培养综合型人才是当前极为重要的一项任务。培养和造就一批坚持走中国特色社会主义道路的人才，只有这样才能为我国西部大开发战略、科教兴国战略和人才强国战略提供一大批具有优秀品质的专业的、综合型人才。当前，中共中央组织部发起的“博士服务团”活动，四川省推出的“高学历人才挂职”活动都为培养综合型人才提供了有效形式②。

4. 建立优秀人才信息系统

针对四川省目前现有的一批人才应进行统一综合管理，建立四川省优秀人才信息系统，将其信息统一录入系统中，尤其是四川省知名学者专家、两院院士以及各行业的优秀专业人才。这样，在获取人才信息时会更加便捷迅速，根据人才专业合理配置利用，把握关键信息，实现人才资源效用的最大化③。

5. 加大人才培养投入

投入是产出的前提，只有不断加大对人才培养的投入才能有产出。因此各级政府等相关部门都应加大对人才经费的投入，制订详细的人才培养方案和财

---

① 陈文光，郑朝福，张林祥. 科技人才政策环境建设探析［J］. 天府新论，2001（5）：51-55.

② 司徒倩滢. 我国科技人才政策评估［D］. 北京：首都经济贸易大学，2015.

③ 吴剑. 我国科技人才政策改进研究［D］. 武汉：武汉理工大学，2013.

务预算，成立人才培养专项小组，设立专项经费，从而加强对专业人才的教育培养①。

（二）建立科学规范的用人机制

科学规范的用人机制是推动人才有序发展的前提，确保各专业人才在公平、公正、公开的社会环境下成长与选拔，在社会监督下进行优秀人才的推荐、认定，逐渐改变传统模式下由专家进行评审的单一方式，适当采用相关行业内的专业人士的建议，借鉴国内外人才发达地区关于人才选拔和用人机制的先进经验，把握每一个优秀人才，促进专业人才评价体系的规范化和科学化（肖海鹏，2016）。

对于专业技术人才的使用，我们应当突破传统的思维模式，消除地域、所有制、身份等各方面的限制，以开放的视角看待各级各类专业人才，对于岗位人才的选择应做到最佳、择优，逐步用岗位管理替代身份管理，实行公开招聘，竞争上岗位制度（翟翌，2010）。同时，大力打造重点科研课题研究，健全实验室设备及使用制度，完善重点学科高级教授、科学家、研究员发展制度，根据本单位的实际情况，在保障本单位利益不受损、资料不外露的情况下，允许和支持专业技术人才实现兼职制②。

要想真正实现人尽其才、才尽其用的社会环境，还需要不断完善聘用考核制，只有这样才能充分调动专业人才的积极性，增强其责任感和竞争意识，充分发挥他们的专业才能。

实行以"按劳分配"为主体的分配方式，深刻认识到绩效考核的重要性，全面制定关于岗位、任务以及业绩报酬的分配方法，将专业技术人才的工资收入与其实际工作贡献、社会成果以及带来的经济社会效益相挂钩，鼓励多劳多得的工作思想。采用高级专业人才股份制，以赠予公司股份、股权的形式奖励有杰出贡献的优秀高级人才，形成重贡献、重成果、重人才的良好氛围，不断提高对各级各类优秀人才的薪资待遇。同时，杰出的管理方法也是留住人才、用好人才的关键。管理者应当先提升自身素质，包括领导管理能力和专业素养，加强对管理方法的学习，从情感、专业能力、目标计划等多方面塑造企业文化，还要明确哪种管理方法能够真正管理好员工，引导员工充分发挥其才能，明确哪种相处模式能够吸引员工，增强员工的归属感③。

---

① 周晓云．四川省专业技术人才队伍建设的现状与对策［D］．成都：电子科技大学，2009.

② 吴剑．我国科技人才政策改进研究［D］．武汉：武汉理工大学，2013.

③ 张林祥，杨程富．关于科技人才政策环境建设的研究［J］．高等教育研究（成都），2001（4）：4-9.

对于固有的在年龄、背景、地域、职位等方面的限制，应积极主动突破，将学历、专业素养等条件作为评定其创新才能、工作贡献等的主要方向。对于原有的专业技术职称、职务的指标体系，应根据单位实际情况自主确定，设置各项考评指标比例，提高对专业技术人员的奖励力度，将上级考核制度逐步转为自主申请，提高对高新技术人才和科技成果的奖励力度。发挥上级奖励的示范作用，运用市场机制，鼓励事业单位以多种形式奖励有突出贡献的人才，对部分承担重要责任的科技人员实行预期奖励制，积极奖励是调动员工积极性的重要因素，了解其真正所需，从而根据其需要进行物质和精神奖励①。

（三）加强创新发展，拓展人口就业领域

首先，民族地区属于多民族居住区，虽说改革开放在一定程度上使该地区人们的思维方式发生了改变，城镇化发展也促进了该地区传统思想向现代化思想的转变，但是由于受遗留民族文化的影响，传统思维以及落后的民风民俗依然根深蒂固，大大限制了地区的经济和事业发展。因此，民族地区只有通过人力资源的教育培训，通过长期的移风易俗活动，让当地百姓从思想上彻底摒弃陈规陋习，过上健康文明的生活方式。通过盘活提升本土人力资源水平，大力促进本地区的市场经济发展，不断提升文化素养和科学技能，增强地区核心竞争力。其次，民族地区拥有丰富的水资源以及自然资源，气候环境宜人，地区内具有代表性的景区、景点有多个，极具观光旅游和开发价值。同时，因多民族聚集，众多的民族文化资源也成了民族地区的特色，诸如，彝族的“火把节”，藏族的“酥油茶”，回族的“古尔邦节”，布依族的“六月六”等，都是凉山州地区丰富的旅游资源。民族地区旅游业的发展对当地的经济发展举足轻重，这就势必需要相关的人才支撑和配套建设，由于凉山州数千年来一直沿袭刀耕火种的生产模式，从奴隶社会“一步跨千年”来到社会主义社会，相对于工农业生产，旅游业等服务行业是一个新生事物，引进和大力培养旅游业等服务行业的人才资源工作也成了当务之急，这也是对凉山州的人才资源规划和实施人才战略促进经济社会全面可持续发展的一次机遇和挑战。

（四）明确人才引进的具体措施

1. 对整体专业人才引进措施

人才是推动当今社会经济和文化发展的重要动力，人才的数量和质量在很大程度上决定了经济水平和社会发展水平。无论什么活动或者政策都需要大量人才来实施和发展，尤其是国民经济发展计划，因此要把专业人才的培养和建

① 朱志宏. 南昌经济发展中科技政策及效应的探讨［D］. 南昌：南昌大学，2007.

设计划与国民经济发展计划结合起来，各级专业人才发展规划应当同国民经济发展计划相适应，宏观把控与微观管理相结合、市场自由配置与政府协调控制相结合、用好用活自有人才与吸引外来人才相结合，坚持以“控制数量、提高质量”为原则①。

四川 省在人才引进上还存在一定的不足，要进一步缩短与国内外发达地区的差距，必须要加大引进专业人才的力度，要善于学习和借鉴他国、他地的优秀人才管理经验，利用他国、他地的专业技术人才。其中，美国在这一方面是最具代表性的。目前，在其大多数高科技公司中外籍专业技术人才占比超50%②，相较于我国更加重视人才的高效配置。所以，除制定相关支持政策、投入充足的资金外，各级各地政府还应大力支持专业技术人才引进机构的建设，充分发挥人才引进机构的专业作用，从世界各地挖掘人才，吸引国民经济建设急需的高素质人才，尤其是对于那些出国留学的优秀人才③，更应该极力说服他们为国家发展做贡献。目前，成都市成立的“博士创业园区””留学人员创业园”都取得了不错的成绩，不仅推动了成都市的发展，也为成都市储备了大量的人才④。随着全世界各国间的联系日益紧密，全球化带来的影响越来越明显，人才竞争也日趋激烈⑤。我国必须高度重视人才在促进我国发展中扮演的重要角色。习近平总书记在中央政治局第十八次集体学习时指出“要加强人才队伍建设，建立完善人才培养体系，打造多种形式的高层次人才培养平台⑥，培育一批领军人物和高水平创新团队。”我们必须积极响应上级号召，培养一批领军人物和高素质人才⑦。不断完善专业技术人才管理体制，使之与我国的市场经济体制相适应，从而更好地为专业技术人才发挥创新才能提供良好的社会、经济、法律和政策环境，为实现人才强省战略、建设和谐四川奠定坚实基础⑧。

---

① 陈文光，郑朝福，张林祥. 科技人才政策环境建设探析［J］. 天府新论，2001（5）：51-55.

② 张林祥，杨程富. 关于科技人才政策环境建设的研究［J］. 高等教育研究（成都），2001（4）：4-9.

③ 张林祥，杨程富. 科技人才政策环境建设研究［J］. 经济体制改革，2001（1）：22-27.

④ 周晓云. 四川省专业技术人才队伍建设的现状与对策［D］. 成都：电子科技大学，2009.

⑤ 吴剑. 我国科技人才政策改进研究［D］. 武汉：武汉理工大学，2013.

⑥ 贾宗杰. 山东港口集团、中铁集装箱公司走进山西地区服务中西部客户［J］. 大陆桥视野，2019（11）：30-31.

⑦ 窦佳丽. 区块链：核心技术自主创新的重要突破口［J］. 时事：职教，2019（2）：40-47.

⑧ 周晓云. 四川省专业技术人才队伍建设的现状与对策［D］. 成都：电子科技大学，2009.

2. 对民族地区专业人才引进措施

要解决民族地区的人才缺乏问题，首先就要提高当地人才的薪资待遇，所以对于当地政府而言，必须要满足当地人才高薪资、高晋升空间的需求。人才是民族地区经济发展的主力军，既要保证现有人才的稳定发展，也要加大对外来人才引进的力度，只有这样才能不断推动当地的发展。关于如何完善外来人才的引进机制和激励政策，笔者认为必须从民族地区的实际情况出发，坚持把人才的需求放在首位，在以下三个方面应有所作为：第一，当地政府需承担起“发现人才、利用人才、留住人才、发展人才”的责任，通过建立正规有效的人才引进政策和科学的绩效考核机制，创建良好的工作环境和生活氛围，从根本上解决他们的问题。在引进前，应充分了解当地所需人才，对各项产业和发展项目进行统计分析，有序合理地进行引进，同时，相关部门应当做到积极主动了解、关切人才，将其安排到合适的岗位，充分发挥人才的作用，既能实现人才的价值，也能实现当地民族地区对人力资源的合理规划。第二，充分保障当地人才的权利，通过建立相关的人才考核机制、人才奖励机制、人才发展机制等政策，提供完善的保障措施，这样才能吸引全国各地的人才主动参与到民族地区的人才发展和经济建设中来，实现民族地区和人才的双赢。第三，推动人才工作和当地经济社会全面发展，以引进人才推动当地经济、教育等各项事业稳步前进，以规范科学的政策体制营造和谐、宜居的发展环境。因此，各民族地区必须因地制宜，出台符合当地发展的人才政策，当然，民族地区与我国部分发达地区在物质条件、地理位置等方面有所差异，但我们可以通过创新人才发展政策，吸引他们参与到当地的建设中来。如大多数人关心的落户政策，民族地区可实行允许引进人才和当地人才“自愿迁户”的政策，对于愿意迁入当地户口的人才，政府可给予帮助和补贴，对于不愿意迁户的人才采取自愿原则，同时也使其可享受当地的部分福利①。

四、把握科研单位高层次人才的作用

以人才推动创新、以创新实现改革、以改革创造科技。人力资源是第一资源。四川省高度重视本地的人才发展，在全省人才工作会议和全国人才工作会议召开后，为提高科研单位高层次人才的积极性和自身能力，四川省不断加大了实施科教兴川和人才强省战略的力度，具体表现在以下几个方面。

---

① 孙智勇. 试论少数民族地区人力资源的政策性开发：以四川省凉山州为例 [J]. 人才资源开发，2018 (4)：29-30.

（一）为高层次人才发展搭建高平台，充分体现科研单位优越性

科研单位能够系统化地管理高层次人才，同时也能为其提供专业化的科研设备和研究支撑。四川省高度认识到科研单位在人才发展、知识创新、科技创新等过程的重要作用。科研单位能够为高层次人才提供舒适、稳定的环境，使其可以潜心做研究，在自己的领域展现才华、高度实现自己的价值，这有力地促进了四川省的科技进步。在未来的发展中，四川省要继续优化高层次人才的工作环境，从过去总结经验，提出未来发展的方向及对策。

（二）深化科研院所体制改革，调动科研人员积极性

为了吸引更多的高层次人才从事科研，调动其积极性，就必须对现有体制进行改革，实行开放研究制度，面向国内外高水平研究人才，学习国外先进研究方法和管理制度，坚持个性化培养，展现多样化研究方向。同时，支持和鼓励研究院所、科技人员创办科技型周边企业，以高新技术和研究成果入股，或与企业合作组建高新技术企业。

（三）充分发挥大学、科研机构在研究发展上的推动作用

人才的形成不仅取决于内部自身素质，也受到外部成长环境的影响。高等教育是培养优秀人才的有效途径，随着我国经济社会的逐步发展，越来越多的人能够接受到高等教育，学习的知识范围更加广阔，思维能力不断提高。四川省在人才教育上有着丰富的资源，电子科技大学、西南交通大学、西南财经大学等大学的发展，充分展现了四川省在交叉学科和新兴学科方面的优势，师生和院所研究人员共同创新，提高了科技成果的产出，发挥了国家级大学科技园的作用。

（四）强化人才激励，推动人才知识向资本合理转化

四川省为进一步推进知识和资本合理转化相继出台了诸多政策，如《关于高新技术成果出资入股的实施办法》《关于建立和完善风险投资机制鼓励人才创新创业的意见》《关于进一步加强科技成果评价工作的意见》《关于建立和完善科技成果信息发布制度的意见》《四川省应用基础研究技术管理办法》《四川省杰出青年学科带头人培养计划实施管理办法》《四川省重点实验室管理办法》等文件，继续对有突出贡献的专业技术人才实行重奖，健全规范奖励制度。从政策层面支持科研单位及高层次人才进行创新改革，在全社会营造高度重视科技、重视知识、重视人才、重视创造等的良好氛围。始终坚持以人为本，引导高素质人才追求自我价值的实现，提高自身科研素质和思想素质，整合多方面资源，为人才发展搭建平台，引导人才自我价值的实现。

为高层次人才开展职业发展规划也是尤为重要的一项任务，通过职业规划

使其明确自身发展方向，通过对其职业兴趣、专业知识等各方面的了解和掌握，为其制订合理的教学计划，加强引导，分别适应管理岗和专业技术岗以及两套不同的薪酬体系，实现“因材施教”。据悉，中国科学院在院级机关和京区院属各单位间建立了轮岗挂职制度，每年进行两次集中选派和接收工作。院机关部门应选派管理骨干（一般选派1人）到院属单位管制锻炼，选派的人员可以侧重在院机关工作一年以上、没有基层工作经验的管理人员；京区院属单位可根据工作需要选派管理骨干到院机关挂职。我们建议，四川民族地区各基层组织可以借鉴中国科学院的经验，在充分了解自身实际的基础上，建立干部轮岗挂职制度，尤其是争取与中科院联合建立挂职锻炼的机会。

同时，在推进当地人才的发展过程中，应重视沟通交流在促进发展中扮演的重要作用，及时与他们进行谈心，不仅要对过去工作表现进行总结梳理，更要对未来工作计划进行规划设计。通过定期谈心，使人才感受到上级对其工作的赞同，使双方更加了解，使下属理解领导，从而激发人才的积极性。沟通后，上级在充分了解人才需求后及时制订出培训方案和培训内容，通过有针对性的培训，不断提高人才的科研能力和管理水平①。

由马斯洛的需求层次理论可知，物质激励主要是针对人们较低层次的需求，作用较为有限，也容易通过相应的制度安排来达到目的。精神激励能够满足人才较高层次的需求，但相对来说，不可能通过制度安排来完全实现。因此，激励和约束问题，不仅是人事部门的问题，更是领导干部应该高度重视的问题。我们一方面要通过合理的制度安排来构建激励和约束机制，另一方面要重视内部小环境建设，坚持以人为本，不断提高管理能力，重视并正确运用不同形式的精神激励，使之成为激发人才工作热情的催化剂，推动个人与组织共同成长。

总之，结合四川省三州的的发展状况来看，我们要引进能够与当地经济发展水平和社会发展要求相适应的人才，二者如果不相匹配，对当地发展和人才引进都会带来不利影响。如果人才水平低于本区域的经济社会发展要求，就难以满足当地的需求，给人才带来一定的心理负担，工作积极性也会下降；反之，则会造成人力资源成本过高②，同时又浪费人才，容易出现人才的流失③，

---

① 周晓云. 四川省专业技术人才队伍建设的现状与对策［D］. 成都：电子科技大学，2009.

② 徐琳，刘况驰. 内蒙古新农村建设中的特色人力资源开发对四川民族地区农村发展的启示探讨［J］. 特区经济，2012（4）：156-158.

③ 祁晓玲，曾令秋，李柚，等. 西部大开发进程中四川少数民族地区完善人才引进机制研究［J］. 四川师范大学学报（社会科学版），2006（5）：5-11.

难以形成稳定的人才环境。故从这个角度来看，四川省各民族地区并不需要与我国其他发达地区争夺人才，首先要做的应该是全面分析并掌握本地区经济社会的发展要求，在制定人才引进政策和开展一系列相关活动前，明确人才引进的目标和发展路径①。

① 黄斌. 新形势下广西北部湾经济区人才引进思考 [J]. 现代商贸工业, 2012 (17): 7-9.

参考文献

邓小平，1994. 邓小平文选：第二卷［M］. 北京：人民出版社：152.

李爱民，2019. “十一五”以来我国区域规划的发展与评价［J］. 中国软科学（4）：98-108.

任保平，刘笑，2018. 新时代我国高质量发展中的三维质量变革及其协调［J］. 江苏行政学院学报（6）：37-43.

孙久文，2018. 论新时代区域协调发展战略的发展与创新［J］. 国家行政学院学报（4）：109-114，151.

高国力，2018. 新时代背景下我国实施区域协调发展战略的重大问题研究［J］. 国家行政学院学报（3）：109-115，156.

张可云，2018. 新时代的中国区域经济新常态与区域协调发展［J］. 国家行政学院学报（3）：102-108，156.

吕丹，汪文瑜，2018. 中国城乡一体化与经济发展水平的协调发展研究［J］. 中国软科学（5）：179-192.

张占斌，戚克维，2018. 从社会主要矛盾变化看我国现代化经济体系建设［J］. 理论探索（3）：19-25.

柳建文，2018. 中国区域发展中的多元冲突及其协调［J］. 教学与研究（2）：59-67.

樊杰，梁博，郭锐，2018. 新时代完善区域协调发展格局的战略重点［J］. 经济地理，38（1）：1-10.

董江爱，刘铁军，2016. 协调发展：内涵、困境及破解路径［J］. 当代世界与社会主义（2）：19-24.

王业强，魏后凯，2015. “十三五”时期国家区域发展战略调整与应对［J］. 中国软科学（5）：83-91.

孙斌栋，郑燕，2014. 我国区域发展战略的回顾、评价与启示［J］. 人文地理，29（5）：1-7.

范恒山，孙久文，等，2012. 中国区域协调发展研究［M］. 北京：商务印书馆：12-15.
《党的十九大报告辅导读本》编写组，2017. 党的十九大报告辅导读本［M］. 北京：人民出版社：216-222.
《全国主体功能区规划》编写组，2015. 全国主体功能区规划：构建高效、协调、可持续的国土空间开发格局［M］. 北京：人民出版社：88-96.
中国人事科学研究院. 2005 中国人才报告：构建和谐社会历史进程中的人才开发［M］. 北京：人民出版社，2005：65.
余仲华，李鹏亮，2007. 地区性和行业性“十一五”人才战略与规划中定量预测方法的创新性应用技巧探析［J］. 人力资源开发（4）：15.
文魁，吴东梅，2005. 科技创新人才研究报告［J］. 北京：经济与管理研究（12）：44.
王飞绒，张军，龚建立，2003. 科技人员特征及其激励［J］. 科技与管理（5）：121-124.
胡颂，2007. 专业技术人才特征及其激励研究［J］. 考试周刊（44）：85-86.
关培兰，2001. 组织行为学［M］. 武汉：武汉大学出版社：125.
谭融，2003. 公共部门人力资源管理［M］. 天津：天津大学出版社.
舒尔茨，1990. 论人力资本投资［M］. 吴珠华，等译. 北京：北京经济学院出版社：133-138.
颜亮，何德功，郑汉根，2005. 世界强国人才战略透析［J］. 北京：国际人才交流（3）：54-55.
何增科，2004. 美国、新加坡、印度等国家在人才资源开发管理方面做法和经验的比较研究［J］. 北京：马克思主义与现实（双月刊）（2）：30-32.
胡又牧，2004. 国际人才竞争［M］. 北京：企业管理出版社：96-99.
武洋，2018. 京津冀资源集聚与区域经济辐射力测算研究［J］. 郑州大学学报（哲学社会科学版），51（1）：66-69.
江璐璐，师谦友，2013. 安徽省空间经济联系及省会经济辐射力分析［J］. 地域研究与开发，32（6）：39-43.
胡树华，王利军，牟仁艳，2013. 武汉市服务业区域辐射能力及范围研究［J］. 科技进步与对策，30（13）：42-47.
陈浩，姚星垣，2005. 长三角城市金融辐射力的实证研究［J］. 上海金融（9）：8-11.
卢小丽，周兵，任政亮，2018. 长江三峡库区中心城市的经济辐射效应分析

[J]. 理论月刊 (11): 140-146.
冯德显，贾晶，乔旭宁，2006. 区域性中心城市辐射力及其评价：以郑州市为例 [J]. 地理科学 (3): 266-272.
李敏，杜志伟，李伟，等，2003. 小城镇经济辐射区定量分析：以重庆大足县为例 [J]. 地域研究与开发 (4): 54-58.
朱道才，陆林，晋秀龙，等，2011. 基于引力模型的安徽城市空间格局研究 [J]. 地理科学，31 (5): 551-556.
赵正，王佳昊，冯骥，2017. 京津冀城市群核心城市的空间联系及影响测度 [J]. 经济地理，37 (6): 60-66, 75.
李凯风，张卓，2017. 我国区域金融中心金融辐射力的金融效率分析 [J]. 统计与决策 (2): 171-173.
梅志雄，徐颂军，欧阳军，2012. 珠三角城市群城市空间吸引范围界定及其变化 [J]. 经济地理，32 (12): 47-52, 60.
刘和东，2013. 国内市场规模与创新要素集聚的虹吸效应研究 [J]. 科学学与科学技术管理，34 (7): 104-112.
班娟娟，刘子溪，2018. "新一线城市"人才虹吸效应显现 [J]. 党政干部参考 (10): 54-54.
范子英，张航，陈杰，2018. 公共交通对住房市场的溢出效应与虹吸效应：以地铁为例 [J]. 中国工业经济 (5): 99-117.
张茉楠，2018. 加强全球税收治理应对美国税改溢出效应 [J]. 金融与经济 (3): 1.
杨炜峰，2018. 妥善应对高铁开通对中小城市的"虹吸效应"：以盐城市大丰区为例 [J]. 各界 (22): 179, 182.
马茹，2017. 社会资本对中国区域创新的影响分析：基于空间知识溢出视角 [J]. 软科学，31 (2): 29-32.
赵全科，2017. 四川省县域经济发展的时空分异研究 [J]. 安徽农业科学，45 (29): 226-231.
李建华，王振全，李洁，2016. 服务业结构对城市"虹吸"效应的影响 [J]. 贵州财经大学学报 (5): 1-11.
谢利萍，2015. 关于郫县乡村旅游转型升级的调查与思考 [J]. 中共乐山市委党校学报，17 (6): 20-22.
胡蔚然，刘萍，郭洁，2019. 京津冀协同发展背景下加快推动河北省民营企业创新发展的对策研究 [J]. 今日财富 (14): 54-55.

郭险峰，2019. 构建推动乡村人才振兴的综合机制［J］. 中国党政干部论坛（4）：74-76.
郭国仕，2013. 城镇化过程中的农村空心化问题研究［J］. 龙岩学院学报，31（3）：88-96.
梁向东，阳柳，2019. 服务业商业模式创新与城乡均衡发展［J］. 江汉论坛（10）：47-53.
孙超英，张志林，2019. 四川潜在经济副中心的经济辐射效应分析［J］. 成都行政学院学报（3）：52-56，71.
张耒，2014. 基于城市群视角的次级增长极的选择与发展研究［D］. 成都：西南财经大学.
沈人信，2012. 四川省专业技术人才队伍建设中长期规划（2011—2020 年）发布［J］. 现代人才（1）：16-19.
唐小青，2018.《四川省专业技术人才队伍建设中长期规划（2011—2020 年）》的政策研究［D］. 成都：电子科技大学.
袁天凤，邱道持，2002. 四川省区域经济不平衡发展特征分析［J］. 资源开发与市场（5）：11-14.
蒋南平，黄方正，2005. 四川省人才政策及人才队伍建设的思考［J］. 成都行政学院学报（哲学社会科学）（6）：30-31.
程宽鑫，2003. 甘孜州中等职业学校发展面临的困难与对策思考［J］. 康定民族师范高等专科学校校报，12（1）：42-46.
边仕英，2007. 西部少数民族地区职业教育发展面临的困境及对策研究，西南民族大学学报（人文社科版），28（1）：51-54.
顾胜和，2007. 中等职业教育存在的问题及发展对策［J］. 江西教育科研（8）：63-64.
黄莉，2002. 中等职业教育现存的问题及发展对策研究［D］. 武汉：华中师范大学.
魏后凯，1997. 美国联邦区域政策及其效果评价［J］. 开发研究（1）：32-35.
刘建芳，2002. 美国的区域经济政策及其启示［J］. 东南大学学报（哲学社会科学版），4（1）：67-72.
赵念渝. 美国“阳光地带”的崛起［EB/OL］.（2003-11-06）［2020-05-20］. www. guz.cei. gov. en/gxxywV 20011q 6. htm.
杨云彦，徐映梅，向书坚，2003. 就业替代与劳动力流动：一个新的分析框架［J］. 经济研究（8）：70-75.

杨云彦，朱金生，2003. 经济全球化、就业替代与中部地区的“边缘化”[J]. 中南财经政法大学学报（5）：90−95.

吴强，李宗植，柴友兰，2004. 美国协调区域经济发展的政府行为及其特点[J]. 财会研究（1）：60− 62.

周彬，1998. 浅析战后美国的区域开发及其效果[J]. 美国研究参考资料（1）：12−16.

余仲华，2011. 人才战略规划的成功类型与基本特征[J]. 人事天地（5）：24−26.

王通讯，2009. 人才战略的制定与实施[J]. 中国人才，（1）70−71.

毛勇，余志成，胡平，1998. 新加坡人才战略与经济发展[J]. 湖北电大学刊（2）：73−75.

毛勇，2002. 论新加坡的人才战略及其对经济的推动[J]. 东南亚纵横（9）：21−23.

袁志筱，2006. 经济欠发达地区人才战略刍议[J]. 人才资源开发（1）：6−8.

窦超，李晓轩，2017. 中部科技人才开发效率评价及其影响因素研究[J]. 科研管理（s1）：437−443.

赵旭彪，2005. 浅谈企业如何构建结构合理的人才队伍[J]. 沿海企业与科技（9）：34−35.

牛胜珍，2013. 浅谈构建人才队伍建设的长效机制[J]. 中国外资（1）：215.

谭凌斐，2018. 基层公务员休息权利的保障与救济[J]. 法制博览（1）：50−51，38.

谢治菊，朱绍豪，2018. 十八大以来基层公务员自我效能感与职业倦怠探讨：以西南地区为例[J]. 理论与改革（4）：131−163.

聂思伟，2018. 公务员职务与职级并行制度在基层实施中的问题与对策研究[D]. 徐州：江苏师范大学.

邓梦芸，衡丽，2018. 公务员离职意愿的影响因素研究：基于 CGSS2013 数据分析[J]. 才智（21）：218−219，221.

李劲峰，乌梦达，孙飞，2018. 21 个省份“试水”聘任制公务员招聘[J]. 新城乡（1）：41−41.

贺彦纳，2017. 民族地区基层公务员工作压力及其舒缓方式研究：以四川省凉山州甘洛县为例[J]. 经营管理者（2）：122，124.

张颖，2017. 基于少数民族基层公务员能力素质模型的选拔和培养研究[J]. 经营管理者（20）：170−171.

毛耘. 甘孜州康定市公务员培训满意度的调查研究 [D]. 成都: 电子科技大学.
石惠, 2017. 若尔盖县基层公务员激励问题与对策研究 [D]. 成都: 西南民族大学.
卜文虎, 2017. 城市化进程中少数民族社区语言传承与发展研究 [J]. 丽江师范高等专科学校学报 (2): 84-89.
袁蒙, 2017. 我国公务员工资地区差距及影响因素研究 [J]. 安徽文学月刊 (6): 154-156.
蒋云超, 2017. 新疆阿克苏地区乡镇公务员队伍建设研究 [D]. 乌鲁木齐: 新疆大学.
郑烨, 2012. 国外公务员能力建设对我国少数民族地区的启示 [J]. 延边大学学报 (社会科学版), 45 (1): 65-70.
毕国明, 1998. 边疆民族地区公务员考试录用工作的难点和对策 [J]. 云南师范大学学报 (哲学社会科学版) (5): 121-123.
黄清华, 2015. 民族地区基层公务员晋升的相关影响因素研究 [D]. 兰州大学.
刀剑, 2015. 浅析艰苦边远地区公务员招录问题 [J]. 今日湖北下旬刊 (10): 45-46, 54.
肖海鹏, 2016. 提高艰苦边远地区公务员考录科学性与公平性 [J]. 中国党政干部论坛 (5): 43-45.
沈瞿和, 2004. 公平与效率之间的选择: 论公务员考试录用资格条件的限制 [J]. 宜宾学院学报, 4 (6): 61-64.
张学慧, 2007. 试论公务员考试录用制度存在的问题及对策 [J]. 中共山西省委党校学报, 30 (2): 80-81.
王静, 2001. 国家公务员考试录用制度的实践探索与理论研究 [J]. 地方政府管理 (5): 29-30.
何颖, 2001. 科学化: 完善公务员考试录用制度的关键 [J]. 学术交流 (1): 23-25.
曹永胜, 2013. 我国公务员考试录用制度的成效、不足及完善 [J]. 中国行政管理 (7): 52-55.
翟翌, 2010. 少数民族占多数的地区公务员考试平等权问题: 以广西河池市公务员招录为例 [J]. 山西警官高等专科学校学报, 18 (1): 49-52.